功能材料及其在环境中的
应用研究

吴玉萍 / 著

中国纺织出版社有限公司

内 容 提 要

功能材料是一类具有特殊性能和功能的材料，其设计和制备旨在满足特定的应用需求。基于此，本书首先探讨材料与功能材料、功能材料在材料科学中的重要地位、功能材料的类别与发展；然后围绕纳米材料、高分子材料、光催化材料及其在环境中的应用展开论述；最后对功能材料在环境中的应用实例进行全面分析。既有学术深度又注重实际应用，为读者提供了一个全面理解功能材料及其在环境中应用的综合指南。通过深入研究功能材料的特性和应用案例，读者将能够更好地认识这一领域的前沿发展，并为未来的环保科技做出积极贡献。

图书在版编目（CIP）数据

功能材料及其在环境中的应用研究 / 吴玉萍著.
北京：中国纺织出版社有限公司，2024. 8. -- ISBN 978-7-5229-2057-3

Ⅰ. TB34

中国国家版本馆CIP数据核字第2024E1J253号

责任编辑：郭 婷 责任校对：王花妮 责任印制：储志伟

中国纺织出版社有限公司出版发行
地址：北京市朝阳区百子湾东里A407号楼 邮政编码：100124
销售电话：010—67004422 传真：010—87155801
http://www.c-textilep.com
中国纺织出版社天猫旗舰店
官方微博 http://weibo.com/2119887771
天津千鹤文化传播有限公司印刷 各地新华书店经销
2024年8月第1版第1次印刷
开本：710×1000 1/16 印张：7.25
字数：120千字 定价：88.00元

凡购本书，如有缺页、倒页、脱页，由本社图书营销中心调换

前　言

　　功能材料是一类具有特殊性能和功能的材料，其设计和制备旨在满足特定的应用需求。与传统材料相比，功能材料通过精密的结构设计和工程调控，展现出独特的物理、化学和电学等性能，在多个领域发挥着关键作用。功能材料的研究和应用不仅推动了科技的不断进步，而且为解决社会和环境问题提供了创新的解决方案。目前，功能材料的研究取得了巨大的突破，涌现出一系列具有前瞻性和颠覆性的材料。从纳米材料到高分子材料，再到光催化材料，多种功能材料的设计与应用为人类创造了更加智能、高效和可持续的科技产品。这些材料不仅改变了我们生活中的方方面面，而且为解决能源、环境和医疗等全球性问题提供了新的可能。

　　基于此，本书以"功能材料及其在环境中的应用研究"为方向，首先论述了人类对材料与功能材料的认知、功能材料在材料科学中的重要地位、功能材料的类别与发展；然后分别探讨了纳米材料、高分子材料和光催化材料在环境中的应用；最后对功能材料在环境中的应用实例进行了全面分析。

　　本书注重章节之间的逻辑性和连贯性，以确保内容的完整性和系统性。每一章的主题都经过精心设计，通过清晰的逻辑框架，使读者在阅读过程中能够逐步深入、层层递进。这种紧密的章节结构不仅有助于读者更好地理解各个概念和原理，还为他们建立系统性的知识框架提供了良好的支持。此外，本书涵盖了功能材料领域的广泛内容，具备全面性。从基础概念到前沿技术，从环境治理到具体应用，书中所呈现的知识体系较为充实且全面。读者可以在本书中全面了解功能材料的方方面面，为读者更好地理解、应用这一领域的知识提供了便利。

　　笔者在写作过程中，得到了许多专家、学者的帮助和指导，在此表示诚挚的谢意。由于笔者水平有限，加之时间仓促，书中所涉及的内容难免有疏漏之处，希望各位读者多提宝贵的意见，以便进一步修改，使之更加完善。

吴玉萍

目　录

第一章 功能材料概论

功能材料具有重要的科技和工程意义，其在各个领域中发挥着关键作用，功能材料的研究和应用有助于推动科技进步、提高生活质量，应对全球性的挑战，从而为社会的可持续发展做出贡献。本章将阐述人类对材料与功能材料的认知、功能材料在材料科学中的重要地位、功能材料的类别与发展。

第一节 人类对材料与功能材料的认知

一、材料的认知

(一) 材料的发展阶段

在人类生存和发展的过程中，材料扮演着不可或缺的角色，它是构建物品、器件、构件和机器等各种产品的物质基础。然而，并非所有的物质都被归类为材料，例如燃料、化学原料、工业化学品、食物和药物等，它们虽然在各自领域发挥着重要作用，但却在材料学的范畴之外。材料的发展历程与人类的历史密不可分，它映射了人类文明的各个不同阶段。从最初的石器时代到青铜器、铁器时代，再到工业革命的到来，每一次材料的进步都推动着人类社会向前迈进。

材料的设计和制造对于工程技术的发展至关重要。人们不断探索和开发新的材料，以满足不断发展的科技和工程需求。例如，高性能合金的发展使得航空航天技术得以飞跃，新型复合材料的应用推动了汽车工业的革新，纳米材料的研究带来了电子技术的革命。随着人类文明的不断演进，材料经历了以下五个发展阶段：

1.初级阶段——使用纯天然材料

在远古时代，人类的技术和工具受限于当时可用的天然材料，这个时期的社会无法依赖于现代科技，而是依赖于对自然资源的有效利用。兽皮是远古时代人类最早使用的材料之一，被广泛应用于制作衣物、鞋子和帐篷等，以保护自己免受寒冷和其他天气条件的侵害。此外，兽皮还经过加工成为皮革，用于制作工具和装备，提高了其耐用性。

甲骨在远古时代被看作一种富有神秘意义的材料。通过观察甲骨上的裂纹和形状，人们相信可以预测未来。这种信仰使得甲骨在预测方面发挥了重要的作用，并成为一种用于制作各种装饰品的材料。

羽毛也是远古时代人们广泛使用的材料之一，被用于制作服装、帽子和装饰品。羽毛的轻巧和柔软性使得其成为狩猎和旅行中不可或缺的工具，还被用于制作箭矢的飞羽，提高了箭的精准度。

树木在远古时代是人类生活的重要资源，被广泛应用于制作各种工具和建筑结构。木材被用于制作武器、工具和船只等，而树皮则可以用作编织材料或容器，展示了树木的多功能性。

草叶在远古时代被广泛用于编织篮子、帽子和绳索等工艺品。人们利用草叶制作简易的床和座位，展现了对环境资源的巧妙应用。草叶还被用作包裹和储存食物的材料，体现了人类在当时资源匮乏的环境下的创造力。

石块是远古时代人类最常见的材料之一，通过打磨和敲击石块，人们制作出尖锐的石器，如刀片、斧头和箭头。石块也被广泛用于建筑结构的构建，如石屋和石圈，展现了人类对石材的熟练运用。

泥土则是一种多功能的材料，被广泛应用于远古时代的建筑和工艺中。人们利用泥土建造简易的住所，如土坯房和土洞。此外，泥土还可以用于制作陶器、陶罐和土灶等，为人类提供了多样化的生活工具。

总的来说，在远古时代，人类面对有限的天然材料，通过对这些材料的巧妙加工和应用，成功地满足了各种基本需求。这一时期的技术创新和文化发展为后来的技术进步奠定了基础，塑造了人类文明的雏形。

2.用火制造材料的阶段

人们通常将距今约1000年前到20世纪初的时期称为铜器时代和铁器时代，这一时期被认为是人类历史上的一个重要阶段，因为它标志着人类开始广泛利用三种主要人造材料——陶器、铜和铁。

（1）陶器。人们利用天然的矿土通过烧制制作陶器、砖瓦和瓷器。通过将矿土放入烧制炉中加热，矿土中的水分蒸发，使矿土变得坚硬耐用。陶器成为人类生活中重要的容器和工具，用于储存食物、煮熟食物、盛装液体以及制作各种器具和装饰品。

（2）铜。除了陶器，铜也成为铜器时代的重要材料，人们从各种天然矿石中提炼铜，然后利用铸造、锻造等技术制作各种铜器。铜器在社会中扮演了多种角色，铜器的制作和使用不仅提高了人类的工具水平，还在社会、经济和文化方面产生了深远的影响。

（3）铁。随着时间的推移，人类逐渐发现并掌握了提炼铁的技术，标志着铁器时代的开始。与铜相比，铁具有更高的硬度和耐用性，使得铁器在农业、建筑和武器制造等领域具有重要作用。铁器的出现改变了人类社会的面貌，推动了农业生产的发展，加速了城市化和文明的进程。

3. 利用合成材料的阶段

20 世纪初，随着物理和化学学科的飞速发展以及各种先进检测技术的涌现，人类的视野开始转向对材料的化学组成、结构、合成方法，以及物理性质、制备方法和工艺性问题的深入研究，这标志着人工合成材料的新时代的开端，从合成高分子材料如塑料、合成纤维和合成橡胶的探索开始，持续发展至今。在这一阶段，人类不仅合成了各种高分子材料，还成功合成了一系列合金材料和无机非金属材料，例如超导材料、半导体材料和光纤材料等，这些材料的出现在多个领域引起了革命性的变化。与过去简单依赖煅烧或冶炼天然矿石和原料的方式不同，人们开始运用物理和化学原理来精心制造新材料，并能够根据特定需求进行材料设计。这种转变意味着材料的合成不再受限于自然资源的局限，原料可以是天然的，也可以是人工合成的，材料合成及制造方法日益多样化。

4. 材料的复合化阶段

在 20 世纪 50 年代，金属陶瓷的问世标志着复合材料时代的开启。金属陶瓷是一种由金属和陶瓷相结合的复合材料，具备金属的导电性和陶瓷的高温耐热性能，被广泛应用于航空航天、能源等领域。随后，又出现了其他类型的复合材料，如玻璃钢和梯度功能材料金属陶瓷等，它们都是复合材料的典型实例。

复合材料的出现是为了适应高新技术的发展和人类文明程度的提高。在当时，人们已经能够利用新的物理和化学方法，根据实际需要设计具备独特性能的材料。复合材料的制备过程通常包括选择不同性质的材料，将它们组合在一起，通过界面相互作用来实现材料性能的协同增强。

严格来说，复合材料并不仅限于两种材料的复合，只要材料由两种或两种以上具有不同性质的成分组成，都可以被称为复合材料。复合材料的组分可以是金属、陶瓷和聚合物等，它们的组合形式可以是层状结构、颗粒增强结构、纤维增强结构等。

复合材料的优势在于充分发挥了各种组分材料的特性，形成协同效应，从而获得更优异的性能。例如，玻璃钢是由玻璃纤维和树脂组成的复合材料，具有高强度、轻质和耐腐蚀等特点，被广泛应用于船舶制造和建筑等领域。梯度功能材料金属陶瓷则通过在材料中引入梯度结构，实现了性能的渐变调控，可以在不同应力条件下展现不同的力学性能，适用于高强度、高温等极端环境下的应用。

复合材料的发展推动了许多重要的技术进步，它们为航空航天、汽车、能源和医疗等领域的发展提供了重要支持，同时也为环境保护和可持续发展做出了重要贡献。随着科学技术的不断进步，复合材料的研究和应用仍在不断深入，为创造更先进、更具功能性的材料夯实了基础。

5. 材料的智能化阶段

在自然界中，动物和植物通常具备自我诊断和修复的能力，使它们能够在受到伤害或损坏时采取一系列反应来维持正常功能。这种自我修复的能力在动植物界广泛存在、持续进行，且在没有受到绝对破坏的情况下得以维持。

动植物世界中，许多物种展示了惊人的自我修复能力。例如，蜥蜴能够再生丢失的尾巴；水生动物能够修复组织和器官以适应环境的变化；植物也表现出自我修复的特性，当叶子受损时，它们通过细胞分裂和再生来修复受损的组织。科学家们对这种自我修复能力产生了浓厚的兴趣，并致力于将其应用于人造材料的研发。近年来，材料科学家成功开发了一些具备部分自我修复功能的智能材料，包括形状记忆合金等。

形状记忆合金是一种可以记住并恢复原始形状的材料。在受到外界刺激或变形时，通过应变记忆机制，形状记忆合金可以返回到其预设的形状。这使得形状记忆合金在医疗器械、航空航天和建筑工程等领域得到了广泛应用。

除了形状记忆合金，还有其他一些智能材料具备类似于生物体的自我诊断和修复功能。这些材料能够感知环境变化并采取自主行动来修复微小划痕和裂纹，防止进一步扩展。

智能材料的研发引起了人们的广泛关注，因为它们有望在多个领域改善性能和可持续性。这些材料的自我诊断和修复功能有助于减少人工维修和更换的需求，延长材料使用寿命，降低资源消耗和废弃物产生。此外，应用智能材料还可以提高设备和结构的安全性和可靠性，从而提供更好的用户体验。

尽管智能材料在发展过程中已取得显著进展，但与自然界中的动植物相比，它们的功能和效率仍存在很大差距。科学家们不断努力研究和开发更高级的智能材料，以实现更全面和高效的自我诊断和修复能力，推动材料领域的不断发展。

总之，材料科学的发展趋势包括超纯化、量子化、复合化和可设计化。目前，高科技新材料的发展日益丰富，未来将会涌现出更多的高科技材料，材料科学的深度发展难以预测。

(二) 材料的类型划分

材料具有重要性、普遍性和多样性，这使得材料没有一个统一的分类标准。

1. 基于用途角度的划分

（1）电子材料。电子材料是指在电子器件和电路中广泛应用的材料。这类材料需要具有良好的导电性、绝缘性或半导体性能，以满足电子设备的工作要求。硅是一种典型的半导体材料，被广泛应用于集成电路和太阳能电池的制造；金属如铜和铝常被用于电子导线的制作；而绝缘材料如聚合物和氧化铝则被用作电子器件的绝缘层。

（2）航空航天材料。航空航天材料是为了满足航空航天领域对材料性能的高要求而设计的材料。轻质、高强度、耐高温和抗腐蚀是这类材料的关键特性。航空航天材料包括先进的金属合金、复合材料和陶瓷材料。铝合金被广泛用于飞机结构，而碳纤维复合材料则在航天器的结构中发挥着关键作用。

（3）核材料。核材料是在核能产业中应用的材料，包括核燃料、核反应堆材料等。铀、钚等元素常被用作核燃料，而钴、锆等金属则被用作核反应堆的结构材料。核材料的设计需要考虑材料在放射性和高温等极端环境下的稳定性，以确保核设施的安全运行。

（4）建筑材料。建筑材料是用于建筑和构造工程的材料，需要具备一定的强度、耐久性和施工性能。常见的建筑材料包括混凝土、钢材、砖块等。混凝土因其成本低、施工方便且强度高而成为建筑业中主要的结构材料。钢材则常用于支撑结构和框架，具有优异的强度和可塑性。

（5）能源材料。能源材料是指用于能源转换、存储和传输的材料。太阳能电池中的光伏材料、锂离子电池中的电极材料、燃料电池中的催化剂等都属于能源材料的范畴。这些材料在可再生能源和能源储存领域发挥着关键作用，促进了清洁能源技术的发展。

（6）生物材料。生物材料是与生物体相容且可用于医学和生物工程应用的材料。这类材料包括生物陶瓷、生物降解聚合物、人工器官材料等。生物材料的设计需要考虑材料与生物体的相互作用，以确保其在医学应用中的安全性和有效性。

2. 基于物理、化学属性角度的划分

材料科学是一门研究材料的结构、性质、制备和应用的跨学科科学领域。从物理和化学性质的角度来看，材料可以被广泛划分为四大类别，这四大类别分别是金属材料、无机非金属材料、有机高分子材料和复合材料。深入了解这些材料的特性对于开发新型材料、提高材料性能以及解决实际问题具有重要意义。

（1）金属材料。金属材料是一类以金属元素为主要组成成分的材料。金属材料具有良好的导电性和热导性，同时具有高强度和韧性。这使得金属材料在制造工业、建筑领域以及电子领域得到广泛应用。典型的金属材料包括铁、铜、铝等。铁是一种重要的结构材料，被广泛用于建筑和桥梁的构造。

铜则常用于电线电缆的制造，因为它的导电性能极佳。铝因为轻巧且具有良好的耐腐蚀性，被广泛应用于航空工业和汽车的制造。

（2）无机非金属材料。无机非金属材料包括诸如陶瓷、玻璃、水泥等材料。无机非金属材料通常具有高熔点、高硬度和抗腐蚀性能。陶瓷材料常用于制作刀具、陶器和电子元件。玻璃作为一种无机非金属透明材料，被广泛应用于窗户、眼镜和光学仪器的制造。水泥是建筑业中不可或缺的材料，用于混凝土的制备，起到结构稳定和耐久的作用。

（3）有机高分子材料。有机高分子材料是由碳、氢、氧、氮等元素组成的大分子化合物，具有很强的韧性和可塑性。这类材料包括塑料、橡胶、纤维等。塑料是一种常见的有机高分子材料，由于其轻便、耐用、可成型的特性，被广泛应用于包装、日用品制造等领域。橡胶则因其优异的弹性和耐磨性，常用于轮胎制造和机械密封件。纤维材料如聚酯纤维、尼龙等在纺织业中扮演着重要的角色，用于制作服装、绳索和各种纺织品。

（4）复合材料。复合材料是由两种或两种以上不同类型的材料组合而成的材料。通过合理组合，复合材料可以充分发挥各种材料的优点，弥补其缺点，从而达到性能的最优化。例如，碳纤维复合材料结合了碳纤维的高强度和轻质特性，广泛应用于航空航天领域；玻璃钢是一种由玻璃纤维和树脂组成的复合材料，具有优异的耐腐蚀性能，常用于制造储罐和管道。

二、功能材料的认知

功能材料是指具有特定性能和应用特性的材料，它们在多个领域中扮演着不可或缺的核心角色。这些材料凭借其独特的物理、化学或电子性质，为特定任务或应用提供了优越的性能。在科学技术和工程制造领域，功能材料的研究和应用正在不断拓展，这对于提高产品性能、创新技术、解决环境问题等方面都具有重要意义。

功能材料可以分为结构性功能材料和性能性功能材料两大类。其中结构性功能材料以独特的结构属性为特征，如复合材料、高性能陶瓷等，它们在提供诸如强度、硬度和韧性等物理性能方面表现卓越。而性能性功能材料则主要利用其特殊的物理、化学和电子等方面的性质为各类应用场景提供必要的性能支持，如半导体材料、超导体材料等。

功能材料的种类多种多样，其中涵盖了金属、陶瓷、聚合物、半导体、磁性等材料范畴。各类材料均具备独特的性质与特定的应用范围，故深入理解功能材料，需对其综合特性进行系统性的探究。

在材料科学领域，功能材料的设计和合成是一个复杂而关键的过程。科学家们通过调控材料的组成、结构和制备方法，来实现特定性能的目标。例如，在光电子领域，研究人员通过设计新型的半导体材料，实现了高效的光伏转换效率；在医学领域，生物相容性和可降解性良好的聚合物材料被广泛用于医疗器械和药物输送系统。

功能材料的应用范围很广。在电子领域，半导体材料被广泛应用于制造芯片和光电器件；在能源领域，光伏材料、储能材料和高温超导体等功能材料推动了可再生能源和能源存储技术的发展；在医学领域，生物相容性和生物活性的材料广泛用于医疗器械和组织工程；在环境领域，吸附剂、催化剂等功能材料用于处理废水、净化空气等。

功能材料的研究和应用也在不断推动着科技的进步和社会的发展。通过对材料的深入认知，科学家们能够创造出更加先进、高效、环保的材料，从而推动相应领域的技术革新。例如，石墨烯的发现和应用，引领了二维材料领域的研究热潮，为电子器件、传感器等领域带来了新的可能性。

然而，功能材料的研究也面临着一些挑战。一方面，一些先进的功能材料的制备过程复杂、成本较高，限制了其在大规模应用中的推广；另一方面，一些新型功能材料的安全性和环境友好性还需要进一步地评估和改进。

总的来说，功能材料作为现代科技和工业的重要组成部分，其认知涵盖了材料科学、物理学、化学、电子学等多个学科领域。通过对功能材料的深入了解和研究，我们能够不断地推动科技创新，解决实际问题，为可持续发展和人类社会的进步做出贡献。

第二节　功能材料在材料科学中的重要地位

功能材料在材料科学中扮演着至关重要的角色。功能材料是一类具有特定功能或性能的材料，它们能够通过其特定的物理、化学或电子特性来实现某种预期的功能。这些功能包括但不限于导电性、磁性、光学性能、储能能力、传感性能和生物相容性等。功能材料的广泛应用贯穿于几乎所有领域，包括电子、能源、医疗、环境等。

一、功能材料在电子领域的地位

在电子领域，功能材料占据着至关重要的地位，它们是各种电子器件不可或缺的组成部分。半导体器件，包括晶体管和集成电路，充分利用半导体材料的独特导电性能，实现了对电子信号的精确控制和放大。这为现代电子设备的高效运作提供了坚实基础。

光电子器件，如光电二极管和激光器，采用光敏材料和半导体材料，将光能转化为电能或实现对光信号的放大和精密操控。这在光通信、激光技术等领域发挥着重要作用，为信息传输和处理提供了先进的解决方案。

传感器则依赖于特定的功能材料，例如半导体材料或氧化物材料，通过感知和转换环境中的物理量、化学量或生物量，将其转化为可测量的电信号。这不仅使得自动化系统的实现成为可能，同时也为环境监测、医疗诊断等领域提供了关键的技术支持。

在显示技术方面，功能材料在显示屏中发挥着关键作用。液晶材料和有机发光材料等功能材料的应用，使得显示屏能够实现高质量图像的显示和对亮度的精准调节。这对于电子设备的用户体验和视觉效果有着直接的影响，推动了显示技术的不断创新和进步。

二、功能材料在能源领域的地位

功能材料在能源领域扮演着至关重要的角色，其应用对于实现高效能源转换和储存具有重要意义。在能源转换领域，电池是一种关键设备，其通过将化学能转化为电能，为电力供应提供了可靠的手段。在电池中，功能材料的作用不可忽视，特别是在锂离子电池中的正负极材料以及燃料电池中的催化剂材料等。这些功能材料能够有效地储存和释放大量的电能，为电池的性能和效率提供了坚实的基础。

太阳能电池则利用光电效应将光能直接转化为电能，其性能和效率的提高离不开功能材料的支持。在太阳能电池中，硅、染料敏化太阳能电池中的染料和半导体材料扮演着关键的角色。这些功能材料起到了吸收和转换光能的重要作用,直接影响着太阳能电池的转化效率和稳定性。

燃料电池作为将燃料直接转化为电能和热能的装置,同样离不开功能材料的支持。催化剂材料、电解质材料和电极材料等功能材料在燃料电池中发挥着关键作用,能够促进燃料的氧化还原反应和离子传输,从而提高燃料电池的效率和性能。

此外,储能系统如超级电容器和储能电池也广泛应用了功能材料,通过功能材料实现了能量的高密度存储和快速释放。这为能源存储和管理提供了创新性的解决方案,使得能源在需要时能够得到高效利用。

功能材料在能源领域的应用涉及锂离子电池、太阳能电池、燃料电池以及储能系统等多个方面,其在高效能源转换和储存方面的贡献不可忽视。未来的发展趋势将更加强调功能材料的研究和创新,以推动能源领域的技术进步和可持续发展。

三、功能材料在医疗领域的地位

在医疗领域,功能材料以其独特的性质和应用潜力,扮演着至关重要的角色,被广泛应用于各种生物医学领域。其中,生物医学传感器是功能材料的重要应用之一。通过利用特定的功能材料,如生物材料和纳米材料,生物医学传感器能够准确、敏感地检测和监测生物体内的生理参数、病原体和药物浓度等重要信息。这些传感器将获得的数据转化为可读取的信号,为医生提供重要的临床信息,有助于早期诊断和治疗。

在药物递送方面,功能材料的应用同样不可忽视。药物递送系统利用具有控释功能的功能材料,如纳米粒子、水凝胶和聚合物材料,实现对药物的可控释放。这种精准的药物释放机制使得药物能够以更加有效的方式传递到目标组织或细胞内,从而实现对疾病的精确治疗,减少副作用和提高治疗效果。

此外,在人工器官和组织工程领域,功能材料也发挥着关键的作用。在仿生学和再生医学的框架下,功能材料被广泛应用于制造人工血管、人工关节、人工皮肤和支架材料等。这些材料能够模拟自然组织的特性,促进组织再生和修复,帮助患者恢复受损组织或器官的功能。通过结合生物相容性和机械性能，功能材料在人工器官和组织工程中展现出巨大的潜力，为医学领域带来了新的治疗方法和可能性。

四、功能材料在环境保护领域的地位

在环境保护领域污染控制方面，功能材料如催化剂材料和吸附剂材料，可用于净化废气中的有害气体和降解有机污染物。在水处理过程中，功能材料如吸附剂、离子交换材料和膜材料等，能够去除水中的污染物、重金属离子和有害物质，提高水的质量和净化效果。功能材料的设计和应用对于实现环境友好型的污染控制和水资源管理具有重要意义。

综上所述，对功能材料的研究和开发对于推动科学技术的进步至关重要。通过设计和合成新型功能材料，科学家们能够实现对材料特性的精确控制，从而满足不断增长的需求。例如，通过调控材料的结构和成分，可以改善材料的导电性能或光学性能，从而提高电子器件的效率或显示屏的质量。此外，对功能材料的研究还可以推动新技术的发展，例如人工智能、物联网和可穿戴设备等领域的创新。

功能材料的研究也涉及多学科的合作。材料科学家需要与化学家、物理学家、工程师和生物学家等领域的专家密切合作，共同应对材料设计和性能优化方面的挑战。此外，功能材料的研究还需要高端的实验设备和先进的计算模拟技术来支持。

功能材料在材料科学中具有重要地位。其广泛的应用领域和对科学技术进步的推动作用使得对功能材料的研究变得至关重要。随着技术的不断发展和人类对新功能的需求增加，功能材料的研究将继续引领材料科学的前沿，并为解决各种现实问题提供创新的解决方案。

第三节　功能材料的类别与发展

一、功能材料的类别

随着技术的发展和人类认识的扩展，新型功能材料不断被开发出来，因此对其的分类也产生了许多不同方法。

(一) 根据功能显示过程进行分类

功能材料按其功能的显示过程可分为一次功能材料和二次功能材料。

1. 一次功能材料

材料在能量输入和输出时，若所涉及的能量类型相同，则其发挥能量传输的作用，这一特性称为一次功能。当材料的设计目标是实现一次功能时，称其为载体材料。一次功能可以分为以下类型：

（1）力学功能，包括惯性、黏性、流动性、润滑性、成型性、超塑性、弹性、高弹性、振动性和防震性等。这些特性决定了材料在外力作用下的表现和变形程度，对于工程设计和实际应用至关重要。

（2）声功能，体现在隔音性和吸音性等方面。不同材料对声波的传播和吸收表现出不同的性质，在建筑、汽车等领域具有重要的应用，有助于改善环境和提高舒适性。

（3）热功能，包括传热性、隔热性、吸热性和蓄热性等。这些特性直接关系到材料在高温、低温环境下的稳定性和性能，对热工业和能源应用至关重要。

（4）电功能，涉及导电性、超导性和绝缘性等特性，对于电子器件和电力传输具有决定性的影响。磁功能方面包括硬磁性、软磁性和半硬磁性等，对于电磁设备和储能系统具有关键作用。

（5）光功能，指材料对光的各种响应，包括遮光性、透光性、折射光性、反射光性、吸光性、偏振光性、分光性和聚光性等，这些性质在光学器件和光电子学中起到了重要的作用。

（6）其他功能，如放射特性和电磁波特性也对一些特殊应用领域具有关键性的影响。因此，综合考虑这些功能，可以更全面地了解和应用不同材料的性能。

2. 二次功能材料

当材料能够将输入和输出的能量转换为不同的形式时，称为二次功能或高次功能。这种功能使得材料成为能量转换部件，可以在不同的能量转换系统中发挥关键作用。

具体而言，根据能量转换的系统不同，二次功能可以分为以下类型：

（1）光能与其他形式能量的转换，这类材料可以吸收、反射或透过光能，并将其转换为其他形式的能量，例如电能或热能。

（2）电能与其他形式能量的转换，这类材料表现出与电能相关的特性，能够将电能转换为其他形式的能量，或者将其他形式的能量转换为电能。

（3）磁能与其他形式能量的转换，这类材料具有磁性特性，能够将磁能转换为其他形式的能量，或者将其他形式的能量转换为磁能。

（4）机械能与其他形式能量的转换，这类材料可以将机械能转换为其他形式的能量，或者将其他形式的能量转换为机械能，如压电材料。

（二）根据材料种类进行分类

按材料种类不同，功能材料还可分为金属功能材料、无机非金属功能材料、功能高分子材料和功能复合材料。

1. 金属功能材料

随着科学技术的不断演进，新型金属功能材料如形状记忆合金等开始广泛应用于军事、电子、汽车、能源等领域，为这些领域带来了重大的技术突破。特别是形状记忆合金的问世，使得材料具备了类似人类记忆一样的特性，能够在特定温度范围内自动恢复其预设的形状。这一特性使其在军事应用中成为一种独特的智能材料，可用于制造自动调节和自我修复的设备。同时，在电子领域，形状记忆合金的应用也显著提高了电子元器件的性能和可靠性。

除了形状记忆合金，稀土功能材料也展现出了引人瞩目的应用前景。这类材料因其独特的电、光、磁性质在许多领域得到广泛应用，例如永磁材料、储氢材料、发光材料等。其中，永磁材料的高性能特性在电机、发电机、电动车等领域具有重要的应用价值；储氢材料的应用则对于清洁能源的发展和能源存储技术的革新至关重要。作为拥有丰富稀土资源的国家，稀土功能材料的发展对我国来说具有重要的战略和现实意义。稀土功能材料产业的发展不仅可以优化我国产业结构，提升产业竞争力，还有助于巩固我国在全球稀土市场的地位。同时，稀土功能材料在高技术领域的应用，还将为国家经济发展带来新的增长点。

另外，非晶态合金作为一种潜力巨大的新型金属材料，也吸引了人们广泛的关注。非晶态合金具有优异的物理和化学性能，如卓越的磁性、耐蚀性、耐磨性、高强度、高硬度和韧性，以及高电阻率等特点。这些性能使其在电子、航空航天、制造业等领域展现出巨大的应用潜力，尤其在高科技产品的制造过程中具有不可替代的优势。

2. 无机非金属功能材料

无机非金属功能材料以功能玻璃和功能陶瓷为主，近年来也发展了一些新工艺和新品种。

（1）功能玻璃包括微晶玻璃、半导体玻璃、光色玻璃、生物玻璃等。

①微晶玻璃（玻璃陶瓷）具有玻璃和陶瓷的双重特性，和陶瓷一样是有规律的原子排列，比玻璃韧性强。微晶玻璃机械强度高，绝缘性能优良，热膨胀系数可在很大范围内调节，耐化学腐蚀，耐磨，热稳定性好，使用温度高，广泛应用于新型建筑材料、高档建筑的外墙及室内装饰。

②半导体玻璃即非晶硅，制造工艺比较简单，也可制造出很大尺寸的薄膜材料，适合于工业化大规模生产，因此展现出巨大的应用前景。例如非晶硅太阳能电池，成本低，重量轻，转化效率较高，已成为太阳能电池主要发展产品之一。

③光色玻璃是指在适当波长光的辐照下改变其颜色，而移去光源时则恢复其原来颜色的玻璃，又称为变色玻璃，是在玻璃原料中加入光色材料制成的。

④生物玻璃是指能实现特定的生物、生理功能的玻璃。将生物玻璃植入人体骨缺损部位，能与骨组织直接结合，起到修复骨组织、恢复其功能的作用。

新型功能玻璃除了具有普通玻璃的一般性质以外，还具有许多独特的性质，如磁光玻璃的磁—光转换性能、声光玻璃的声光性、导电玻璃的导电性、记忆玻璃的记忆特性等。

（2）功能陶瓷在电、磁、声、光、热等方面具备许多优异性能。功能陶瓷是一类具备电、磁、声、光、热等多方面优异性能的材料。这些陶瓷在各个领域都表现出非凡的特性，使它们成为现代科技和工业中不可或缺的关键组成部分。

①金属陶瓷是另一种功能陶瓷，它结合了金属和陶瓷的特性。这种材

料通常用于制作切削刀具，因为它们具有优异的硬度和耐磨性。金属陶瓷刀具在工业加工中表现出色，能够轻松切割和加工各种硬度较高的材料，提高了生产效率和产品质量。

②超导陶瓷是一种引人注目的功能陶瓷，因为它们具有超导性能。这使得它们在交通、电机、探测器和计算机等领域得到广泛应用。超导陶瓷在电力输送中可以降低能量损耗，在磁共振成像中用于医学诊断，甚至可以用于高性能计算和量子计算领域。

③电子陶瓷主要用于制作电子功能元件。工艺上，电子陶瓷的制造类似于传统陶瓷的生产方法。这些陶瓷元件广泛应用于电子设备，如电容器、压电传感器、陶瓷滤波器等。电子陶瓷在电子行业中发挥着至关重要的作用，为现代通信和信息技术的发展提供了坚实的基础。

3. 功能高分子材料

功能高分子材料的广泛应用得益于其在多个方面的显著特性。首先，这些材料表现出卓越的力学性能，使其在各种结构应用中脱颖而出。其次，功能高分子材料具备一系列独特的功能，包括但不限于物质分离、光学性能、电学性能、磁性能、能量储存和转化，以及在生物医学领域的应用。这些特殊功能的实现不仅依赖于高分子材料的链结构，还受到功能基的种类、数量和分布的影响，同时也受高分子的聚集态和形态的调控。

在功能高分子材料中，功能复合材料作为一类重要的材料类型，由功能体和基体组成，或者是由两种及以上的功能体组合而成。其显著的特点之一是可设计性——能够根据特定需求进行定制，这为其在各个领域提供了广泛的应用前景。功能复合材料的可设计性意味着可以通过合理组合不同的功能体，实现对材料性能的精准调控，满足不同应用场景的需求。

4. 功能复合材料

在实际应用中，功能复合材料在航空航天、交通车辆、风力发电叶片、体育用品等领域得到了广泛的应用。在航空航天领域，它们可以用于制造轻量化且高强度的结构件，提高飞行器的性能。而在交通车辆方面，这些材料有助于减轻车辆重量，降低燃料消耗。在风力发电叶片的制造中，功能复合材料的使用可以提高叶片的耐久性和效率。在体育用品领域，这些材料可以用于制造更轻、更坚固的器材，提高运动员的表现。

根据功能复合材料的不同应用领域，可以将它们进一步分为电工材料、能源材料、信息材料、光学材料、仪器仪表材料、航空航天材料、生物医学材料和传感器用敏感材料等。这些材料的种类非常丰富，可以满足不同领域的特定需求。

二、功能材料的发展

"功能材料具有各种奇特的功能，其发展潜力是巨大的，随着科学技术的发展，必将会有更多的新型功能材料出现。"[1] 新型功能材料在尖端领域，诸如航空航天、高速信息、新能源、海洋技术和生命科学等领域，必须表现出卓越的性能，以应对各种极端条件。

（1）功能材料正朝着多功能和复合功能的方向发展。曾经单一的功能逐渐拓展为包含人工智能、生物功能和生命功能等高级功能的复合材料。这样的多功能材料能够在不同领域发挥更广泛的作用。

（2）为了实现更高级的性能，功能材料需要一体化、微型化、高密积化和超分子化。这意味着将功能材料与器件制造过程融合为一体，使其成为整体，并在尺寸、密度和组装方面进行微型化和超分子化的处理。这样的进步有助于更好地满足不同领域的特殊需求。

（3）功能材料与结构材料之间的兼容性。研究人员致力于实现功能材料与结构材料的相辅相成，使结构材料发挥功能性，同时对功能材料进行结构化处理。这种兼容性的实现对于材料的性能和应用都具有重要意义。

（4）在功能材料的研究和发展过程中，新概念、新设计和新工艺的引入至关重要。研究者们不断探索新的概念，如梯度化、低维化和智能化，这些都为功能材料的发展带来了新的思路。同时，新的设计方法，比如计算机辅助设计，以及新的工艺，如激光加工和生物技术，也为功能材料的研发提供了更多的可能性。

---

[1] 孙兰，文玉华，严家振，等：《功能材料及应用》，四川大学出版社，2015，第12页。

第二章　纳米材料及其在环境中的应用

纳米材料的研究涉及探索微观尺度下材料的性质与行为，其在环境中的应用意义在于为污染治理、能源利用等领域提供高效、可持续的解决方案。本章主要探讨纳米材料的结构特性与分类、纳米材料的制备与性能及其在环境中的应用。

第一节　纳米材料的结构特性与分类

一、纳米材料的基本特性

(一) 小尺寸效应

小尺寸效应是指当纳米微粒的尺寸接近或小于特定波长或相干长度时，晶体的周期性结构受到限制，导致传统宏观理论不再适用的现象。这一效应引发了纳米材料在物理、化学和光学性质上表现出与宏观材料截然不同的行为。其中，纳米微粒中的原子在非晶态纳米微粒的颗粒表面附近原子密度减少，从而导致了重要性质的变化。此外，纳米材料的比表面积急剧增大，使得表面原子与总原子数之比迅速增加，从而裸露了大量表面原子，这些原子具有高活性，它们易于吸附其他原子或参与化学反应，因此能够显著地改变材料的性质。

这种小尺寸效应还会引起多种现象的出现，包括但不限于光吸收增加、产生吸收峰的等离子共振频移、磁有序态向磁无序态转变、超导相向正常相转变以及声子谱的改变等。这些现象在宏观材料中很少或根本不存在，但在纳米材料中却变得显著且具有重要意义。例如，纳米材料由其小尺寸所带来的巨大比表面积，使得光吸收增加，进而引起了等离子共振频率的变化。

此外，纳米尺寸的磁性材料在相变过程中由磁有序态向磁无序态的转变，也是小尺寸效应的典型体现之一。

（二）量子尺寸效应

纳米材料的量子尺寸效应是指当材料的尺寸降至纳米尺度时，费米能级附近的电子能级分布由连续的能带变为离散的能级，这一现象在金属纳米材料中尤为显著。当材料尺寸减小至纳米级别时，电子的运动受到了限制，导致能级从准连续状态变为离散的状态。在纳米半导体微粒中，这种现象呈现出一些独特的性质，包括不连续的最高被占据分子轨道能级和最低未被占据分子轨道能级，以及能隙的变宽。与常规物体不同，纳米微粒的原子数量有限，因此其能级间距会发生分裂。当这种能级间距大于热能、磁能、光子能量或超导态的凝聚能时，会引起能级的变化和能隙的变宽。这种变化导致了发射能量的增加和光学吸收向短波方向的移动，因此样品的颜色也会相应发生变化。量子尺寸效应最直接的表现是纳米晶体吸收光谱的边界蓝移。随着粒子尺寸的减小，激发态能级也会增大，从而导致吸收峰蓝移的现象。

在纳米尺度的半导体微晶中，光照产生的电子和空穴之间会出现库仑作用，形成类似于大晶体中的激子。然而，由于空间的强烈束缚效应，激子的吸收峰会发生蓝移现象，同时导带中更高激发态也会相应地蓝移。这些现象表明，量子尺寸效应在纳米材料中具有重要作用，对其光学性质产生了显著影响，并为纳米材料在光电子学等领域的应用提供了新的可能性。

（三）宏观量子隧道效应

近年来，对量子隧道效应的研究日益深入，该效应源于微观粒子的量子力学波粒二象性，使其能够穿越比其总能量高的势垒。然而，令人惊讶的是，不仅微观尺度上的粒子表现出这种行为，而且一些宏观量级上的物理现象也呈现出了宏观量子隧道效应。在纳米科学领域，隧道效应是一种常见现象，被广泛应用于纳米材料的研究和开发中。然而，近年来，随着技术的进步，研究者们开始在宏观尺度上发现了这种奇特现象的存在。例如，微粒的磁化强度以及量子相干器件中的磁通量等也被发现具有类似的宏观量子隧道效应，这一意外发现激发了人们对这一领域的深入探索。

为了验证宏观量子隧道效应的存在，研究者们采用了一系列高级技术，其中包括扫描隧道显微镜技术和超导量子干涉仪（SQUID）等。通过在低温条件下进行的实验，他们成功地证实了磁的宏观量子隧道效应的存在。这一发现加深了人们对宏观量子隧道效应的理解，同时也引发了更广泛的研究兴趣。

纳米材料的宏观量子隧道效应体现了其独特的物理和化学特性，例如量子隧道效应、介电限域效应、库仑堵塞效应和量子隧穿效应等。这些效应使得纳米材料在各个领域中具有广泛的应用，并为技术上的突破提供了可能性。

（四）表面效应

在纳米科技领域，表面效应是一个至关重要的概念，其涵盖了纳米微粒尺寸小、表面原子与总原子数之比急剧增大所引发的多种有趣现象和性质变化。随着纳米颗粒尺寸的减小，其比表面积的显著增加导致更多的原子处于表面位置，并且这些原子处于裸露状态，即没有其他原子环绕。这种裸露的表面原子具有未饱和键和缺陷，因而表现出高活性，容易吸附其他原子或发生化学反应。这种高活性使得纳米材料在催化、吸附和储能等方面具有独特的性能，远远超越了宏观材料的表现。

纳米微粒的表面效应对于纳米材料的性质具有广泛的影响。它不仅影响纳米粒子的输运、构型和电子能谱，还对电子自旋构象产生重要影响。这些表面效应使得纳米材料在电子学、光学和磁学等领域展现出与宏观材料迥然不同的行为。值得注意的是，表面效应并不仅局限于纳米粒子，它同样存在于其他纳米结构和纳米材料中，并且是影响其性能的关键因素之一。

此外，纳米材料的特性还对信息存储技术产生了影响。比如，磁带和磁盘等信息储存设备，由于纳米材料的存在，它们的最短存储时间受到了一定的限制。因此，研究者们在信息储存领域也需要认真考虑纳米材料的特性，以更好地应对挑战和提高储存效率。

二、纳米材料的类别划分

(一) 按空间尺度进行类别划分

按空间尺度分类，纳米材料可以分为零维、一维、二维及三维纳米材料。

1.零维纳米材料

零维纳米材料是指在空间三维尺度均处于纳米尺度的纳米材料。这类材料包括零维原子簇或簇组装以及超微粉或超细粉。这些纳米材料是纳米技术开发的先驱，技术已经十分成熟。它们也是其他类型纳米材料的生产制备的基础材料。

"制备具有新颖结构和独特形貌的碳纳米颗粒材料及其应用研究已经成为碳纳米材料领域的研究前沿和热点之一。"[1] 零维纳米材料在多个领域都有广泛的应用。在微电子封装材料方面，它们在芯片封装中发挥重要作用，为电子元件提供保护和支持。在光电子材料方面，这类纳米材料有助于光学器件的性能提升，多用于传感器、光纤通信等领域。在高密度磁记录材料中，零维纳米材料用于磁存储技术，推动信息存储能力的不断拓展。对于太阳能电池材料，这些纳米材料的应用可以提高光电转换效率，增加太阳能利用率。零维纳米材料还被广泛应用于吸波隐身材料，在军事和航空领域具有重要意义。在高效添加剂方面，这类纳米材料可以增强材料的性能，改善产品的质量和功能。在高韧性陶瓷材料方面，纳米材料的应用使得陶瓷材料更加耐用和抗冲击。此外，零维纳米材料在生物医药领域也扮演着关键角色，例如在药物传递、生物成像等方面的应用，为医疗技术带来了创新和改进。

2.一维纳米材料

一维纳米材料指的是在空间的两个维度上处于纳米尺度，而第三个维度为宏观尺寸的材料，例如纳米线/丝、纳米棒、纳米管、纳米纤维和纳米带等。这类纳米材料种类繁多，可以进一步细分为一维无机纳米材料和一维有机纳米材料等。

---

[1] 关磊，范文婷，王莹：《新型零维碳纳米材料的研究进展》，《化学与黏合》2015年第2期。

3. 二维纳米材料

二维纳米材料是指在一维方向上尺寸被限制为纳米级别的层状结构，其特点是在另外两个空间坐标上呈现出延展性。举例来说，金刚石薄膜的厚度被限制在纳米尺寸，并可分为颗粒膜（具有微小间隙）和致密膜（膜层紧密无间隙）两种类型。这类纳米材料广泛应用于高密度磁记录材料、气体催化材料、平面显示器材料以及光敏材料等领域。

4. 三维纳米材料

"三维碳纳米材料具有不同的结构和形貌，具有优异的电学、光学和磁学性质。"[1] 三维纳米材料通常指的是在至少一个空间维度上保持纳米尺度特征的材料，它们由最小构成单元的纳米结构组合而成。这种材料在超高强度材料、智能金属材料和纳米陶瓷等领域得到了广泛应用。

（二）其他的类别划分

1. 按材料物性进行类别划分

从物性角度来看，纳米材料涵盖了多种类型，包括纳米半导体、纳米磁性材料、纳米铁电体、纳米超导材料以及纳米热电材料等。这些物性分类为研究和应用纳米材料提供了便捷的参考。

2. 按化学组分进行类别划分

从化学组分的角度，纳米材料可划分为不同类别，包括纳米金属材料、纳米陶瓷材料、纳米高分子材料以及纳米复合材料等。不同的化学组分决定了纳米材料在各个领域的性能和应用特点，为纳米科技的发展提供了广阔的可能性。

3. 按应用领域进行类别划分

根据纳米材料的应用领域来进行分类，将其归为纳米电子材料、纳米光电子材料、纳米磁性材料、纳米生物医用材料、纳米敏感材料以及纳米储能材料等。这些应用分类展示了纳米材料在现代科技、医学、能源等领域中所发挥的关键作用。

---

[1] 关磊：《三维碳纳米材料的研究进展》，《功能材料与器件学报》2012年第4期。

第二节　纳米材料的制备与性能

一、纳米材料的制备方法

(一) 气相法

气相法是一种制备纳米材料的方法，其原理是通过采用各种前驱气体或加热固体材料使其蒸发成气体，而后在冷阱中冷凝或在衬底上沉积和生长低维纳米材料。这种方法被广泛应用于制备纳米粉体、纳米晶须、纳米纤维以及超晶格薄膜和量子点等。气相法可以根据主要的工艺特点进一步分为两类：前驱物为固体的气相法和前驱物为气体或液体的气相法。

1. 前驱物为固体

(1) 惰性气体冷凝法。惰性气体冷凝法是一项历史悠久且成功的纳米颗粒制备技术。这项技术的开端可以追溯到 1963 年，当时科学家们首次通过惰性气体冷凝法获得了较为干净的纳米微粒。直到 20 世纪 70 年代，这项技术才真正成为制备纳米颗粒的主要手段。在 1984 年成功制备了包括 Pd、Cu 和 Fe 等多种纳米晶体，这标志着纳米结构材料的诞生。

惰性气体冷凝法的工作原理是在高温条件下先将可凝聚性物质蒸发为气态，然后通过冷却使气态原子和分子形成均匀的纳米微粒，最后将这些微粒聚合并收集成纳米粉体。由于高温梯度的作用，得到的纳米粒子粒径较小，且形态特征可以得到良好的控制。这种制备纳米颗粒的方法有着多个优点：一是能够获得纯净度较高的纳米微粒，适用于需要高纯度材料的应用领域；二是实现对纳米粒子形态和尺寸的良好控制，这在纳米科技和纳米材料研究中具有重要意义。

(2) 激光消融法。激光消融法的原理是利用准分子激光对半导体材料和光学材料进行消融，从而得到纳米微粒。相较于其他方法，准分子激光具有波长较短的特点，使得生成的纳米粒子更加均匀和细小。然而，纳米粒子容易在空气中被氧化，因此在激光消融过程中需要采取措施，如使用高真空度或惰性气体来保护靶体，以确保得到所需的纳米结构材料。

在激光消融法中，制备金属纳米微粒的方法可以分为两类：一是将金属放置在充有惰性气体的消融室中，然后直接照射，通过在基片上收集纳米微粒来实现；二是将金属先放在溶液中，然后进行激光照射，得到包含纳米微粒的胶状溶液。这两种方法都具有一定的优势，前者简单易行，而后者能够制备出粒度均匀且可控的纳米微粒。

2. 前驱物为气体或液体

（1）等离子体化学气相沉积法（PCVD）。PCVD 方法主要分为三种不同类型：直流电弧等离子体法（DC 法）、射频等离子体法（RF 法）和混合等离子体法。其中，混合等离子体法是一项颇具独特性的技术，它利用射频等离子体和直流等离子体的协同作用，产生超微粒子，并使其附着在冷却壁上。这种制备纳米复合微粒的方法有着众多优点：①产品具有高纯度，这是因为制备过程中避免了许多杂质的混入；②加热和反应时间得以充分延长，从而更好地控制反应过程，确保纳米微粒的质量和稳定性。

PCVD 方法中的反应气氛可选用惰性气体，这使得制备过程更加安全和可靠。同时，通过调整反应气氛的组合，还能实现产品的多样化，满足不同应用领域对纳米复合微粒的需求。

在实际应用中，PCVD 方法为纳米科技和材料研究领域带来了广泛的应用前景。例如，在医学上，通过 PCVD 方法制备的纳米复合微粒可用于药物输送，将药物准确地传递到病灶处，提高疗效并减少副作用。在材料学领域，这种方法生产的纳米微粒可用于增强复合材料的性能，提高材料的强度和耐磨性。

（2）激光诱导化学气相沉积法（LICVD）。激光诱导化学气相沉积法是一种高效、高纯度且具有优异均匀性的先进制备技术。该技术通过将参与反应的气体反应物均匀混合，形成稳定的气体射流喷入反应室。在喷嘴附近，这一气体射流与高能量的连续激光束垂直交互，引发显著的化学反应过程。

当气体射流与激光束相互作用时，反应物气体分子吸收激光能量，产生能量共振，迅速升温至反应温度。这种高温、明亮的反应火焰在激光作用区内形成，使得反应物瞬间发生分解和化合反应，产生超微粒的小核坯。这些小核坯在火焰区内不断凝聚、生长，而后随着气体流带出火焰区，迅速冷却并停止生长，最终形成纯净且具有优良性能的成品微粉。

激光诱导化学气相沉积法的优点众多：①由于高能量激光的引入，产物的纯度大大提高，满足高品质应用的需求；②制备的粉末粒径均匀一致，粒径分布窄且形状规则，使其在应用过程中表现出更加卓越的性能；③制得粉末的表面清洁，粒子间无黏结，团聚弱，便于在后续应用中进行充分的分散。

(二) 液相法

1. 微乳液法

微乳液是一种独特而神奇的透明热力学稳定溶胀胶束，它是由水滴在油中或油滴在水中形成的，并且其中的表面活性剂发挥着至关重要的作用。这些表面活性剂是两性分子，由疏水部分和亲水部分巧妙构成。一旦表面活性剂的浓度超过临界胶束浓度（CMC），不可思议的胶束便会形成。这些微小胶束中，疏水基朝向内部，而亲水基则朝向外部，形成了一种稳定而高效的结构。值得一提的是，在非水基溶液中，这些表面活性剂还能形成反相胶束或反胶束的结构，这些结构可能不依赖于 CMC 或对 CMC 不敏感。微乳液的胶束直径范围非常广泛，可以调节为几纳米至一百纳米，这使得其内部容纳了较小的疏水物质或者亲水疏油物质的体积，呈现出了惊人的多样性和灵活性。

2. 沉淀法

沉淀法是其中一种重要的液相法，它以沉淀反应为基础。在含有材料组分阳离子的溶液中，加入适量的沉淀剂，从而形成不溶性的盐类沉淀物，进而得到所需的纳米氧化物粉体。

纳米晶粒制备过程中有一些关键步骤。为了得到纳米晶粒，必须使溶液中的纳米氧化物含有较大的过饱和度。同时，为了保持粒度分布的均匀性，需要在反应器各处保持均匀的过饱和度。

在整个制备过程中，有一些重要的影响因素需要考虑，如反应温度、反应时间、反应物料配比、煅烧温度和煅烧时间、表面活性剂以及 pH 等因素都会对最终产品的性能产生重要影响。因此，在实验设计和工艺控制中，需要仔细考虑这些因素，以确保最终纳米材料的质量和性能达到预期目标。

(三) 固相合成法

固相合成法是一种用于制备纳米材料的方法，其特点是在不发生熔化或汽化的情况下，通过对固体材料进行处理，使原始晶体细化或反应生成纳米晶体。这一方法目前在纳米科技领域广泛应用，常见的固相法包括机械球磨法、固相反应法、大塑性变形法、非晶晶化法及表面纳米化法等。

1. 机械球磨法

机械球磨法是一种全新的粉末冶金方法，被广泛应用于合成氧化物弥散强化的高温合金。该方法利用高能研磨机作为常用设备，其中包括搅拌式、振动式、行星轮式、滚卧式、振摆式和行星振动式等设备，以实现材料粉末的混合与合成。在机械球磨法中，操作简单且设备投资较少，使其成为一种备受青睐的合成方法。在操作过程中，先将磨球与材料粉末放入球磨容器，然后通过磨球的撞击作用，使粉末逐渐形成层状复合体颗粒。随着破碎和压合的不断重复，这些颗粒逐渐形成均匀的亚稳态结构。

2. 固相反应法

固相反应法是指由一种或一种以上的固相物质在热能、电能或机械能的作用下发生合成或分解反应而生成纳米材料的方法。固相反应法的典型应用是将金属盐或金属氧化物按一定比例充分混合，研磨后进行煅烧，通过发生合成反应直接制得超微粉，或再次粉碎制得纳米粉体。固相反应法的设备简单，但是生成的粉容易结团，常需要二次粉碎。

二、常见纳米材料的制备

(一) 纳米超微颗粒

纳米超微颗粒是一类固体超细粉体，其尺寸介于 10^{-9} m 和 10^{-6} m 之间。其中，大于 1000 nm 的被称为微米或亚微米材料。由于尺寸微细化，这些纳米超微颗粒呈现出特殊的物理和化学性能。这些独特的性能在各个领域得到了广泛应用，如化工、轻工、冶金、电子、高技术陶瓷、复合材料、核技术、生物医学以及国防尖端技术。正是这些应用推动了相应领域的快速发展和进步。

纳米级超细微粒位于微观粒子与宏观物体的交界过渡区域，通常被称为零维纳米结构或量子点。因此，对这些纳米颗粒的研究涉及许多重要的基础研究课题，如生命起源和宇宙的萌芽。这些前沿研究为科学家们提供了宝贵的机会去深入探索自然界的奥秘。尽管人类对宏观物体有着较为深入的认识，但长期以来，对超细微粒的研究却相对缺乏深入和细致。然而，随着技术的进步和兴趣的增加，人们对纳米超微颗粒的研究逐渐得到加强。

目前，超微细粉的制法主要包括固相法、液相法和气相法。

1. 固相法

（1）将固溶体可溶性成分浸出法。根据固溶体的化学原理，固溶体中的可溶性成分可以通过液体浸出法进行分离。浸出后，残留的不溶成分可能形成疏松的骨架或松散的粉末。

（2）热分解法。热分解法是一种用于制备复合金属氧化物超细微粉的方法。通过加热分解某些金属盐类，可以形成组成均一的超细微粉。这些热分解产物通常被用于湿化学法合成中间产物的转化。控制温度和时间可以调节产物的晶型和粒度，从而获得所需的材料性能。

（3）机械合金法。机械合金法是制备纳米级粉末的快速发展方法。该方法利用高能球磨，制备纳米级金属的纯元素、合金或复合材料。机械合金法制得的纳米级复合材料具有极高的强度。因此，它被广泛用于制备纳米陶瓷与金属基的复合体，从而显著提高材料的强度性能。此方法具有工艺简单、制造效率高以及制备高熔点金属或合金纳米材料等优点。

2. 液相法

液相法作为超微粉末的制备方法之一已经成熟且被广泛采用。该方法的特点在于，能够容易控制成核过程，同时微量组分均匀分布，从而可制得高纯度的复合氧化物。

（1）沉淀法制造纳米超微颗粒。沉淀法作为一种制备纳米超微颗粒的有效技术，广泛应用于材料科学领域。该方法涉及利用化学反应在溶液中生成不溶性固体颗粒，这些颗粒随后通过沉淀过程分离出来。沉淀法的实施通常需要精确控制溶液的化学条件，包括 pH 值、温度、反应物浓度以及搅拌速度等，以确保生成的颗粒具有所需的尺寸、形态和分散性。

直接沉淀法通过简单的化学反应直接生成目标颗粒，是一种相对直接且成本较低的方法。共沉淀法则是在多个组分同时参与反应的情况下进行，能够制备出具有特定化学组成和结构的复合颗粒。均匀沉淀法则侧重于通过控制反应条件实现颗粒尺寸的均匀性，而络合沉淀法则利用络合剂与离子形成稳定的络合物，进而通过沉淀反应生成纳米颗粒。

（2）水解法制造纳米超微颗粒。水解法是近年来发展的新方法。本方法的最大特点是从物质的溶液中直接分离制造需要的高纯度超微粉料。

①金属盐水解制造法。金属盐的水溶液加热后分解成所需氧化物，经干燥、煅烧处理，即得纳米超细微粉。如 $ZrCl_2$ 和 YCl_3 的水溶液加热煮沸分解而得到含 Y_2O_3 和 ZrO_2，经脱水、干燥、煅烧即可获得 1～20 nm 的实用超微粉末。

②醇盐水解制造法。利用金属醇盐制备超微粉末的方法 (简称醇盐法) 是一种很有前景的方法，近年来，国内外对此法的研究十分活跃。金属醇盐是一种金属与醇反应生成含 M—O—C 键的金属有机化合物，其通式为 $M(OR)_n$。金属醇盐一般可溶于乙醇，遇水后极易分解成醇和氧化物或其他水合物。金属醇盐具有挥发性，易于精制，因水解时不需添加其他阴离子和阳离子，故能获得高纯产物，且反应温和、节省能源，根据不同水解条件，可得到粒径几纳米至几十纳米、化学组成均匀的单一和复合氧化物粉末。例如，醇盐水解法制得的 ZrO_2 具有比金属盐更好的粉体特性：几乎为一次粒子，很少是凝聚的二次粒子 (团粒)；粒子的大小和形状均一；化学纯度和相结构的单一性更好。但其工艺条件较为复杂，且成本较高。

③溶剂蒸发制造法。在解决传统沉淀法和水解法存在问题的过程中，引入了溶剂蒸发法作为一种有效的替代方法。这种方法针对沉淀法和水解法的几个问题提供了解决方案。沉淀法和水解法在实际应用中存在一些问题：沉淀常常呈凝胶状，这使得脱水和过滤变得困难；由于沉淀剂（如 NaOH、KOH）的使用，导致杂质混入粉料中，影响最终产品的纯度；使用 $(NH_4)_2CO_3$ 作沉淀剂时，Cu^{2+}、Ni^{2+} 等离子可形成可溶性络离子，降低了产物的纯度；沉淀过程中成分可能出现分离的现象，影响产品的均匀性；在水洗过程中，部分沉淀物可能会再溶解，导致损失。

④溶胶—凝胶制造法。溶胶—凝胶法是一种广泛应用于制备金属氧化物或氢氧化物的技术。相较于传统方法，溶胶—凝胶法避免了使用昂贵的有机金属化合物和有毒的有机溶剂，从而减少了制造过程中的成本和环境压力。此外，该方法的反应过程更为迅速，有助于扩大工业应用。溶胶—凝胶法不涉及碳元素的还原问题，因此不会产生不必要的副反应，提高了产品

的经济性和稳定性。由于溶胶—凝胶法避免了有机物质的使用，提供了一种清洁、高效的解决方案，特别适用于纳米粉末和材料的制备，能够精确控制材料的微观几何尺寸和性能。

值得一提的是，近年来，人们已经使用了四十余种元素以及几十种醇盐和体系来合成凝胶。这表明溶胶—凝胶法的应用范围非常广泛，并在不断扩展和改进中。通过不断的研究和实践，该方法在实现高效率和可持续生产方面持续取得进步，为制备金属氧化物和氢氧化物提供了一种更加可行和环保的选择。

3. 气相法

尽管液相法是一种被广泛应用于陶瓷超细微粉制备的方法，然而，对于氮化物、碳化物、硼化物等非氧化物陶瓷材料，液相法已显得困难且无法实现合成。为应对这种情况，科研人员必须转向气相法。气相法制备纳米粉末有两种主要方式：①蒸发—凝聚法（PVD），该方法基于物态变化，通过蒸发和凝聚获得纳米粉末；②气相反应法（CVD），它依赖于化学反应，从气体中生成所需的纳米材料。

（1）蒸发—凝聚制造法。

①真空蒸发法。在真空蒸发法中，采用高真空条件将金属蒸发到固定衬底上，从而形成致密膜或金属超细微粉。这种方法常用于制备薄膜材料，如金属薄膜，用于电子元件等领域。

②惰性气体气氛的金属蒸发法。惰性气体气氛的金属蒸发法是一种高效的纳米粉末制备技术。在该方法中，特殊装置内充入惰性气体，如氦气，金属在其中蒸发并形成蒸气。这些金属蒸气与惰性气体分子不断碰撞，减缓其运动速率。在液氮冷却的冷阱中，金属蒸气凝结形成蓬松的纳米晶核。通过特殊刮刀收集，可以获得粒径分布窄的纳米粉末。例如，使用此方法制得的铁粉，平均粒径可低至 6 nm，展现出卓越的纳米特性。

③反应性气体蒸发法。反应性气体蒸发法在电阻加热装置中引入反应气体，如氢气、氧气、氮气等，并进行金属蒸发。或者先在氮气气氛中获得纳米金属粉末，然后引入反应性气体。这样可以得到化合物超细微粉，如纳米级铁的氮化物、TiQ_2、CaF_2 等。

（2）气相反应制造法。气相反应法是一种利用易于制备、蒸气压高、反应性好的挥发性金属氯化物、氯氧化物、金属醇盐、烃化物和金属蒸气等进行化学反应的方法，以合成所需的纳米粉末。这种方法可以分为两大类：一类是通过单一化合物的热分解来制备特定纳米粉末，例如烃类热分解生成高性能碳黑，CH_3SiCl_3 高温分解生成 SiC 微粉等；另一类是通过两种以上上述物质的合成反应来制备更多种类的纳米粉末，如通过金属氯化物的氧化分解制备 TiO_2、SiO_2 和 Al_2O_3 等超细粉。

(二) 纳米碳管

纳米碳管，也称为碳纳米管（CNTs），是一种具有特殊结构和性质的纳米材料，其制备原理和主要技术如下：

(1) 电弧放电法。电弧放电法是一种早期的碳纳米管制备技术，通过在石墨电极间产生高温电弧，促使碳原子在气态中重新排列并沉积形成纳米碳管。这种方法简单但需精细控制电流和气氛，以优化碳纳米管的生成。

(2) 激光烧蚀法。激光烧蚀法是一种高效的碳纳米管制备技术。在这一过程中，高功率激光束直接照射到碳材料上，瞬间产生极高温度，导致碳原子迅速蒸发。这些蒸发的碳原子在冷却过程中重新排列，形成碳纳米管结构。此技术的优势在于能够实现快速制备，但需要精确控制激光功率、照射时间和气氛，以确保碳纳米管的质量和产量。此外，激光烧蚀法还允许通过调整参数来调控纳米碳管的直径和壁数。

(3) 化学气相沉积法（CVD）。化学气相沉积法在催化剂表面通过高温催化分解含碳气体（如甲烷或乙烯），促使碳原子沉积形成纳米碳管。CVD 法的优点包括良好的可控性、较低的合成温度、与半导体工艺的兼容性以及易于规模化生产。通过精确调节气体流量、温度和催化剂类型，可以有效地控制碳纳米管的直径、壁数和纯度，满足不同应用需求。

(4) 气相生长法。气相生长法涉及在特定温度和气氛下，碳源气体（如甲烷）在催化剂（如铁或镍化合物）作用下发生热分解。分解产生的碳原子在催化剂表面沉积，逐渐生长成碳纳米管。此法关键在于控制反应条件，包括温度、压力、气体组成和流量，以优化碳纳米管的生长速率、直径和结构。气相生长法具有成本效益高、易于规模化的优点，适合生产具有特定特性的碳纳米管。

（5）火焰合成法。火焰合成法通过在火焰中引入碳源气体（如乙烯或乙炔）和催化剂前体，利用火焰的高温促进碳源气体的热分解和碳原子的沉积。虽然这种方法设备简单、成本低廉，但由于火焰环境的复杂性和多变性，生长条件较难精确控制，导致碳纳米管的直径、壁数和质量分布不够均匀。因此，火焰合成法在大规模生产中具有潜力，但在制备特定规格的碳纳米管方面存在局限性。

（6）等离子体辅助生长。等离子体辅助生长是一种先进的碳纳米管制备技术，通过利用等离子体的高活性和能量来加速碳源气体（如甲烷或乙烯）的分解。在等离子体环境中，气体分子被激发和电离，形成高反应性的碳原子和离子，这些活性粒子更容易在催化剂表面沉积，从而促进碳纳米管的生长。这种方法不仅提高了生长速率，还有助于改善纳米碳管的结构完整性和结晶质量。等离子体辅助生长技术的应用，为实现快速、高效生产高性能碳纳米管提供了新的途径。

（7）同位素标记法。在制备碳纳米管的过程中，通过有序地引入具有不同同位素的碳源，可以在纳米碳管中形成特定的同位素分布模式。利用拉曼光谱等技术检测这些同位素标记的位置和比例变化，可以追踪碳原子的沉积过程，揭示碳纳米管的生长路径和速率。这种方法不仅有助于理解碳纳米管的形成机制，还能优化制备条件，提高碳纳米管的质量和性能。

这些制备技术各有优势和局限性，选择合适的方法取决于所需的碳纳米管类型、尺寸、纯度以及最终应用的要求。随着技术的发展，对碳纳米管的可控制备和应用探索仍在不断进步。

（三）富勒烯

20 世纪 80 年代中期，C_{60} 分子被哈罗德·沃特尔·克罗托和理查德·斯莫利等人的团队发现，并以建筑师巴克明斯特·富勒（Buckminster Fuller）设计的多面体穹顶建筑为灵感，命名为 Buckminsterfullerene，简称富勒烯。随后，实验室陆续发现了 C_{70}、C_{80} 等由偶数个纯碳原子形成的分子。这些分子呈封闭的多面体的圆球形状，国际上将包括 C_{60} 在内的所有含偶数个碳原子形成的分子称为富勒烯。

（1）激光辐射制造法。激光辐射制造法采用激光轰击石墨表面，通过在氦气流中产生含有微量 C_{60} 的混合物，适用于原位质谱检测。虽然这种方法的产率相对较低，但其在质谱学等领域的应用仍然具有重要意义。

（2）电弧制造法。电弧制造法通过在低压氦气气氛中产生电弧，可以得到富勒烯烟灰，产率从 1% 逐步提高至目前最高的 44%。这种方法的优点在于产率较高，但其制备条件相对较复杂。

（3）苯焰燃烧制造法。苯焰燃烧制造法将高纯石墨棒在稀释的苯、氧混合物中燃烧，得到 C_{60} 和 C_{70} 的混合物，其产率可控制在 0.26% ~ 5.70%。相对于电弧制造法，这种方法更易于控制产率，但也需要一定程度的条件优化。

（4）高频加热蒸发石墨制造法。高频加热蒸发石墨制造法通过利用高频炉，在氦气中加热气化石墨，可以得到产率为 8% ~ 12% 的富勒烯烟灰。这种方法相对较为简单，同时产率也相对较高，因此在实际应用中具有一定的优势。

三、纳米材料的性能分析

（一）力学性能

常规多晶材料的屈服强度或硬度与晶粒尺寸之间的关系用著名的 Hall-Petch 公式表示。它是建立在位错塞积理论基础上，经过大量实验的证实，总结出来的经验公式，即

$$\sigma_y = \sigma_0 + Kd^{-1/2} \tag{2-1}$$

式中：σ_y ——材料的屈服强度；

K 和 σ_0 ——材料常数；

d ——晶粒的平均直径。

纳米材料的其他力学性能与传统材料也不相同。纳米晶体材料的弹性模量与普通晶粒尺寸的材料相同。当晶粒尺寸非常小（例如小于 5 nm）时，材料几乎没有弹性。当温度明显低于 $0.5\ T_m$（熔点）时，纳米晶体脆性材料或金属间化合物的高韧性还没有得到进一步证实。对于塑性金属（普通晶粒），当晶粒尺寸降低到小于 25 nm 的范围内时，韧性明显降低。在一些纳米晶体材料中已经发现，在相对于普通晶粒尺寸的材料更低温度和更高应变

速率的情况下会产生超塑性。超塑性是指材料在一定的应变速率下产生较大的拉伸应变。纳米 TiO_2 陶瓷在室温下就能发生塑性变形，在 180 ℃下塑性变形可达到 200%，同时不发生裂纹扩展。纳米陶瓷的硬度和强度也明显高于传统材料。在 100 ℃下，纳米 TiO_2 陶瓷的显微硬度为 1300 MPa，而普通 TiO_2 陶瓷的显微硬度低于 200 MPa。

（二）热学性能

多相纳米体系的热容为体相和表面相的热容之和。因为表面热容为负值，所以随着粒径的减小和界面面积的扩大，多相纳米体系总的热容减小。常规块体材料的熔点、熔解焓和熔解熵一般是常数，但纳米微粒的这些指标随微粒尺寸变化。由一种或几种纳米微粒组成的纳米复合材料往往表现出优异的热学特性，最典型的是由纳米 SiO_2、Al 及 Fe_2O_3 组成的纳米复合材料，与同质量普通大块复合材料相比，其定容燃烧热明显提高，该纳米复合材料加入固体推进剂中后使推进剂的能量明显提高。

（三）光学性能

大块金属对可见光波长的反射和吸收能力与纳米量级的金属有明显的差异。纳米量级的金属呈现出较低的光反射率，这使得它们在光学应用方面具有潜在的优势。

红外吸收方面，纳米材料展现出了强烈的活跃性，尤其在纳米氧化物、氮化物和纳米半导体材料领域。不同的纳米材料在红外吸收研究中表现出了各自独特的现象。例如，纳米 Al_2O_3、Fe_2O_3 和 SnO_2 表现出异常的红外振动吸收，而 Si 膜的红外吸收带在沉积温度增加时会出现频移现象。非晶纳米氮化硅在红外吸收研究中观察到频移和吸收带的宽化等现象。

在纳米晶体方面，CdS 纳米微粒是被研究得最深入的一类。由于其能带结构的变化，CdS 纳米微粒呈现出不同于常规材料的非线性光学效应。这种非线性效应为其在光学器件和光通信等领域的应用提供了新的可能性。

（四）声学性能

纳米声学重要的一个技术是激光超声技术，它是一种全光学方法，用于激发和检测纳米尺度的声波。该技术借助超短的皮秒和飞秒激光脉冲来实现。通过这种非接触的激发和检测手段，研究人员能够对纳米结构中的声学特性进行深入探究。在纳米声学应用中，光学压电传感器是一种非常重要的工具。这些传感器利用超晶格和量子井等结构进行设计，类似于传统的压电换能器。它们在纳米声学实验中的应用可以帮助科研人员更好地捕捉和测量声波信号，为纳米声学研究提供宝贵的数据支持。

纳米多孔二氧化硅气凝胶材料也是纳米声学研究中备受关注的对象。这种材料具有独特的声学性能，其吸声系数在中频范围内随着纳米 TiO_2 含量的不同而变化。特别是在低于 1.6 kHz 的频率范围内，吸声系数甚至可略高于 0.3，这使得纳米多孔二氧化硅气凝胶材料在声学隔音和噪声控制方面具有潜在的应用价值。纳米 Al_2O_3（纤维）/ 环氧树脂复合材料也是一个备受关注的研究方向。在低于 1.6 kHz 的范围内，该复合材料的吸声系数可高达 0.6。这种复合材料的独特性能使其在纳米声学和声波控制领域具有广泛的应用前景。

（五）电学性能

纳米技术的发展在材料科学和电子学领域产生了革命性的影响。在纳米晶体材料中，晶界和晶粒尺寸的变化对电导性能产生重要影响，导致了尺寸效应和量子化现象的显示。例如：

（1）随着晶粒尺寸减小，纳米晶体金属材料的电导逐渐减小。

（2）电阻的温度系数也随之减小，甚至可能出现负的电阻温度系数，这在传统的粗晶材料中很少见。

（3）金属纳米丝的电导现象表现出量子化特征，这些特征在普通粗晶材料中是不具备的。在纳米尺度下，电子的传输受到量子效应的显著影响，导致了一系列独特的电导特性，包括电导台阶现象、非线性的电流—电压（$I—V$）曲线，以及电导振荡。这些现象源于纳米尺度下电子波函数的量子干涉效应，它们为研究量子输运提供了丰富的物理信息。纳米电子学取得了长足的进步，成功研制出各种纳米器件，例如单电子晶体管、可调谐的纳米发光二极管和超微磁场探测器。碳纳米管由于其独特的电学性能，在大规模集成电路和超导线材等领域具有广泛的应用前景，为电子学带来了全新的可能性。

纳米技术的发展促进了微电子和光电子的结合，从而显著提高了光电器件在信息传输、存储、处理、运算和显示等方面的性能，为信息科技领域带来了革命性的变革。此外，纳米技术的应用还在雷达信息处理方面展现出了潜在的巨大优势。通过将纳米技术应用于雷达系统，其处理能力得到了显著提升，甚至可以实现高精度的对地侦察，为军事和安全领域带来重大的突破。

(六) 催化性能

在当前的科学研究和工业应用中，纳米粒子催化剂显示出了以下优势：

（1）使用纳米粒子作为催化剂，可以显著提高反应效率。由于纳米粒子的尺寸远小于传统催化剂，且它们的比表面积更大，从而提供了更多的活性表面，有利于反应物质的吸附和反应。这种优势使得纳米粒子催化剂在反应中能更有效地与反应物接触，从而加速反应速率，节省能源和时间。

（2）纳米粒子催化剂具有优异的反应速度控制能力。由于其尺寸微小，纳米粒子催化剂能够更快地响应反应条件的变化，从而实现对反应速率的精确控制。这对于一些需要严格控制反应速度的过程非常重要，例如在医药合成中的一些关键步骤。

（3）纳米粒子催化剂优化了反应途径。纳米粒子催化剂的结构和表面性质可以被精心地设计和调控，从而促进有利的反应通道的形成，降低不利反应通道的生成。这样一来，反应的选择性和产物收率得到了显著提升，进一步优化了整个反应过程。

在石化催化领域，纳米分子筛催化剂广受青睐。这是因为纳米分子筛催化剂具有颗粒细小且比表面积大的特点。这样的特性使得纳米分子筛催化剂拥有更多的活性中心，从而提供了更多的反应位点，有利于反应的进行。同时，由于纳米分子筛催化剂的结构更加稳定，不易受到积碳等副反应的影响，催化剂的使用寿命得到了显著延长，节约了生产成本。

另外，基于纳米 SiO_2 的无机/有机催化复合材料也取得了突破性进展。例如，Nafion/SiO_2 复合材料在催化应用中表现出色，该复合材料能够显著提高催化活性。通过将有机和无机材料复合，可以充分利用两者的优势，实现协同效应，从而使催化剂的性能得到提升。

此外，碳纳米管/Co 复合催化剂也展现出了引人瞩目的应用潜力。这种催化剂在碳纳米管的生长过程中发挥重要作用。与传统的纯碳纳米管催化剂相比，该复合催化剂可以产生更加均匀且较细的碳纳米管管径。此外，该复合催化剂表面没有金属颗粒，这对于那些需要纯净无金属污染的应用非常重要。这种特性使得碳纳米管/Co复合催化剂在材料科学和纳米技术领域具有广阔的前景。

(七)磁学性能

在磁学领域，磁性物质的晶粒尺寸是一个重要的研究方向，因为它对磁学性能产生着显著的影响。在纳米尺度范围内，晶粒的大小呈现出尺寸效应，即随着晶粒尺寸的减小，矫顽磁力会先增加后下降。纳米材料通常具有较低的居里温度。这主要是由于纳米材料的大量表面或界面存在，导致表面效应显著增强，从而抑制了居里温度的升高。然而，这也对纳米磁性材料的应用造成了不利影响，因为低居里温度可能会限制其在某些高温环境下的使用。除了传统的磁性行为，纳米材料还表现出一种特殊的现象，称为超顺磁性。当微粒的体积足够小时，热运动能够显著地影响微粒的自发磁化方向，导致矫顽磁力为零且无磁滞回线的特点。这种超顺磁性的出现为纳米材料的磁学行为带来了新的理论和实验挑战。

在应用方面，巨磁电阻（GMR）效应是一种非常重要的现象。这种效应在多层膜、自旋阀、颗粒膜、非连续多层膜和氧化物超巨磁电阻薄膜等材料中存在，并在高密度磁记录读出磁头、随机存储器和传感器等领域得到广泛应用。GMR效应可以使材料的电阻随着外部磁场的变化而产生显著的变化，这使得它成为高灵敏度磁传感器和数据存储技术的重要组成部分。

第三节 纳米材料在环境中的应用

一、纳米技术在治理有害气体方面的应用

(一)空气中硫氧化物的净化

二氧化硫、一氧化碳和氮氧化物是影响人类健康的有害气体，如果在

燃料燃烧的同时加入纳米级催化剂不仅可以使煤充分燃烧，不产生一氧化硫气体，提高能源利用率，而且会使硫转化成固体的硫化物。如用纳米 Fe_2O_3 作为催化剂，经纳米材料催化的燃料中硫的含量小于 0.01%，不仅节约了能源、提高能源的综合利用率，还减少了环境污染问题，而且使废气等有害物质再利用成为可能。

（二）汽车尾气净化

汽车尾气排放直接污染人们的生活空间及呼吸层，对人体健康影响极大。开发替代燃料或研究用于控制汽车尾气等大气污染材料，对净化环境具有重要的意义。通过使用纳米复合材料制备的汽车尾气传感器对尾气排放进行监控。可及时对超标排放进行报警，并通过调整合适的空燃比，减少富油燃烧，达到降低有害气体排放和燃油消耗的目的。纳米稀土钛矿型复合氧化物对汽车尾气所排放的 NO、CO 等具有良好的催化和转化作用，可以替代昂贵的重金属催化剂用作汽车尾气催化剂。

二、纳米技术在污水处理方面的应用

污水中通常含有有毒有害物质、悬浮物、泥沙、铁锈、异味污染物、细菌病毒等。污水治理就是将这些物质从水中去除。鉴于传统的水处理方法效率低、成本高、存在二次污染等问题，污水治理一直得不到很好解决。污水中的贵金属是对人体极其有害的物质。新的一种纳米技术可以将污水中的贵金属如金、钌、钯、铂等完全提炼出来，变害为宝。一种新型的纳米级净水剂具有很强的吸附能力，它能将污水中悬浮物完全吸附并沉淀下来，先使水中不含悬浮物，然后采用纳米磁性物质、纤维和活性炭的净化装置，能有效地除去水中的铁锈、泥沙以及异味污染物等。经前两道净化工序后，水体清澈，口感也较好。再经过带有纳米孔径的特殊水处理膜和带有不同纳米孔径的陶瓷小球组装的处理装置后，可以将水中的细菌、病毒完全去除，得到高质量的纯净水，完全可以饮用。这是因为细菌、病毒的直径比纳米大，在通过纳米孔径的膜和陶瓷小球时，就会被过滤掉，水分子及水分子直径以下的矿物质、元素则被保留下来。

第三章　高分子材料及其在环境中的应用

高分子材料在环境保护中的应用越来越广泛，其优异性能使其在多个领域发挥重要作用。生物降解高分子材料通过自然降解有效缓解塑料污染，减少环境负担。高分子膜技术在水处理和空气净化中表现出色，能够高效去除污染物，提升资源利用率。本章主要论述高分子材料及其发展趋势、高分子材料的结构与综合性能及高分子材料在环境中的应用。

第一节　高分子材料及其发展趋势

"随着中国社会的不断发展，科学技术水平也在不断提升，在这样的时代背景之下，有机高分子材料在人们日常生活中的应用越来越广泛，在实际应用的过程中，发挥出了较为理想的效果，无论是棉花、羊毛等天然高分子材料还是塑料等合成的高分子材料，都已经被应用到了人们生活以及生产的各个领域。"[1]

一、高分子材料的特点与分类

(一) 高分子材料的主要特点

1. 分子形态丰富

多数合成聚合物的大分子为长链线型，常被称为"分子链"或"大分子链"。将具有最大尺寸、贯穿整个大分子的分子链称为主链，而将连接在主链上除氢原子外的原子或原子团称为侧基，有时也将连接在主链上具有足够长度的侧基（往往也是由某种单体聚合而成）称为侧链。将大分子主链上

---

[1] 于良，于祝明：《高分子材料老化机理与防治措施分析》，《化工管理》2021年第18期。

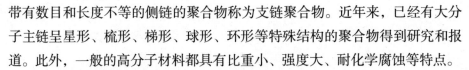

带有数目和长度不等的侧链的聚合物称为支链聚合物。近年来，已经有大分子主链呈星形、梳形、梯形、球形、环形等特殊结构的聚合物得到研究和报道。此外，一般的高分子材料都具有比重小、强度大、耐化学腐蚀等特点。

2. 化学组成比较简单，分子结构有规律

合成高分子化合物的化学组成相对比较简单，通常由有限的几种非金属元素组成。另外，所有合成高分子化合物的大分子结构都具有一定的规律性，即都是由某些符合特定条件的低分子有机或无机化合物通过聚合反应并按照一定的规律彼此连接而成的。

不同种类的单体可以按照两种不同的机理进行聚合反应，生成不同结构类型的高分子化合物。一种情况是单体的化学组成并不改变，只是某些原子之间彼此连接的方式发生改变——这是合成加成聚合物的一般情况；另一种情况是单体的化学组成和结构都发生变化——这是合成缩合聚合物的一般情况。

(二) 高分子材料的划分类型

1. 依据来源进行分类

依据来源可将高分子材料分为天然高分子材料和合成高分子材料两大类。天然高分子材料包括天然无机高分子材料和天然有机高分子材料。例如云母、石棉、石墨等均属于常见的天然无机高分子材料。天然有机高分子则是自然界一切生命赖以存在、活动和繁衍的物质基础，如蛋白质、淀粉、纤维素等便是最重要的天然有机高分子材料。

2. 依据材料用途进行分类

依据高分子材料的用途可分为塑料、橡胶、纤维、涂料、胶黏剂和功能高分子材料六大类，其中前三类即所谓的"三大合成材料"。将通用性强、用途较广的塑料、橡胶、纤维、涂料和胶黏剂称为通用高分子材料，而功能性强的功能高分子材料则是高分子科学新兴而最具发展潜力的领域。这是高分子材料的一种分类，并非高分子化合物的合理分类，因为同一种高分子化合物，根据不同的配方和加工条件，可以加工成不同的材料。例如，聚氯乙烯既可加工成塑料也可加工成纤维；尼龙既可加工成纤维也可加工成工程塑料。

3. 依据主链元素组成进行分类

依据构成大分子主链的化学元素组成，可分为碳链、杂链和元素有机三大类高分子。

（1）碳链高分子。碳链高分子的主链完全由碳原子组成，而取代基可以是其他原子。绝大部分烯烃、共轭二烯烃及其衍生物所形成的聚合物，都属于此类。

（2）杂链高分子。杂链高分子的主链除碳原子外，还含有 O、N、S、P 等杂原子，并以共价键互相连接。多数缩聚物如聚酯、聚酰胺、聚氨酯和聚醚等均属于杂链高分子。

（3）元素有机高分子。元素有机高分子的主链不含碳原子，而是由 Si、B、Al、O、N、S、P 或 Ti 等原子构成，不过其侧基上含有由 C、H 等原子组成的有机基团。例如，硅橡胶即是元素有机高分子中最重要的品种之一，其分子主链由 Si 和 O 原子交替排列构成。

4. 依据相对分子质量进行分类

依据聚合物相对分子质量的差异，一般分为高聚物、低聚物、齐聚物和预聚物等。在通常情况下，相对分子质量小于合格产品的中间体，或者用于某些特殊用途的聚合物均属于低聚物。相对分子质量极低、根本不具有高分子材料特性的某些缩聚物曾称为齐聚物，现习惯统称为预聚物。那些可在特定条件下交联固化、最终转化为体型聚合物的低聚物也称为预聚物。

5. 依据聚合反应类型进行分类

依据 Carothers 分类法，将聚合反应分为缩合聚合反应（简称缩聚反应）和加成聚合反应（简称加聚反应）两大类。由此而将其生成的聚合物分别归类于缩聚物和加聚物。当然还可以将缩聚物中的某些特殊类型再细分为加成缩聚物（如酚醛树脂）、开环聚合物（如环氧树脂）等。加聚物也可再细分为自由基聚合物、离子型聚合物和配位聚合物等。

6. 依据化学结构与聚合物的热行为进行分类

（1）参照与之相对应的有机化合物结构，可以将合成高分子化合物分为聚酯、聚酰胺、聚氨酯、聚烯烃等类型。这一分类方法尤其重要，也最为常用，必须重点掌握。

（2）根据聚合物受热时的不同行为，可分为热塑性聚合物和热固性聚合物两大类。热塑性聚合物受热软化并可流动，大多为线型高分子。热固性聚合物受热转化为不溶、不熔、强度更高的交联体型聚合物。这种分类方法普遍用于工程与商业流通等领域。

二、高分子材料的命名方法

(一) 以化学结构类别命名

以化学结构类别命名法广泛用于种类繁多的缩聚物，其要点是先采用与其结构相对应的有机化合物结构类别，再冠以"聚"(如聚酯、聚酰胺等)即可。不过，既然要求聚合物的名称一定要反映其与单体之间的联系，就必须具体标注该聚合物系由何种单体二元酸(酰)与何种单体二元醇所生成的"酯"。

按照该方法命名多数聚酰胺的全名称都显得过于冗长，所以商业上和学术专著中通常使用其英文商品名称"nylon"的音译词"尼龙"作为聚酰胺的通称。为了体现聚合物与单体之间的关系，须在结构类别"尼龙"之后依次标注原料单体"二元胺"和"二元酸"的碳原子数。这里需要特别强调，"胺前酰后"乃是"尼龙"后面单体碳原子数排列习用俗成的规范。这与有机化合物酰胺的"酰前胺后"的中文字序恰恰相反。

例如，尼龙 –610 (聚癸二酰己二胺) 是癸二酸与己二胺的缩聚物。尼龙 –6 也称为聚己内酰胺或锦纶，其单体可以用 6– 氨基己酸表示，但大多采用己内酰胺。我国高分子科技工作者于 20 世纪 50 年代首创以苯酚为原料，经催化氧化成环己酮→催化加氢成环己醇→与羟氨反应成环己酰胺→重排转化为己内酰胺→开环聚合→最终纺制成锦纶的工业合成路线。合成聚氨酯的关键单体是带着两个异氰酸酯基团 (—N＝C＝O) 的化合物，而不是带两个氨基羧酸基团 (—NHCOOH) 的化合物。

(二) 以 IUPAC 系统命名

以 IUPAC 系统命名是以大分子结构为基础的一种系统命名法，建议高分子专业工作者特别是在国际学术活动中应尽量采用这种命名方法。该命名法与有机化合物系统命名法相似，其要点包括：①确定大分子的重复结构单元；②将重复单元中的次级单元即取代基按照由小到大、由简单到复杂的顺序进行书写；③命名重复单元并在其前面冠以"聚"字（poly-）即完成命名。

由此可见，如果按照该法命名和书写取代乙烯类加聚物时，必须先写带有取代基一侧，同时写原子数少的取代基——这与习以为常的书写方式相左。不仅如此，用该方法命名某些聚合物时不免显得相当烦琐，如聚碳酸酯的中文名称就显得非常烦琐冗长：聚 [2，2- 丙叉双（4，4'- 羟基丙基）] 碳酸酯。

（三）以"聚"+"单体名称"命名

"聚"+"单体名称"是一种国内外均广泛采用的习惯命名法。通常情况下仅限用于烯类单体合成的加聚物，以及个别特殊的缩聚物。采用该方法命名一般取代烯烃的加聚物非常简单，见表3-1。

表3-1　以"聚"+"单体名称"命名法

单体	分子式	聚合物名	英文名	英文缩写
乙烯	$CH_2{=}CH_2$	聚乙烯	polyethylene	PE
氯乙烯	$CH_2{=}CHCl$	聚氯乙烯	polyvinylchloride	PVC
苯乙烯	$CH_2{=}CHC_6H_5$	聚苯乙烯	polystyrene	PS

（四）以"单体名称"+"共聚物"命名

以"单体名称"+"共聚物"命名仅适用于命名由两种及以上的烯类单体合成的加聚共聚物，而不得用于两种及以上单体合成的混缩聚物和共缩聚物。例如，苯乙烯与甲基丙烯酸甲酯的共聚物可命名为"苯乙烯—甲基丙烯酸甲酯共聚物"。

三、高分子材料的抗静电性能

（一）抗静电剂的导电原理与原则

1.抗静电剂的导电原理

抗静电剂分子是由亲水基与亲油基两部分组成的，一般都是表面活性剂，其结构中都有亲水基团，混入材料中具有导电性。按化学结构区分，有阳离子型、阴离子型、非离子型、两性离子型以及高分子型和半导体型。它具有不断迁移到树脂表面的性质。迁移到树脂表面的抗静电剂分子，其亲油基与高聚物相结合，而亲水基则面向空气排列在树脂表面，形成了肉眼观察不到的"水膜层"，提供了电荷向空气中传导的一层通路，同时因水分的吸收，为离子型表面活性剂提供了电离的条件，从而达到防止和消除静电的目的。

抗静电剂的导电作用，还可以依靠减少摩擦来达到防止静电的效果。电荷的产生与摩擦有关。当材料表面层有抗静电剂分子存在时，可降低表面接触的紧密度，黏附、摩擦的减少可使两摩擦介质的介电常数趋于平衡，或接触间隙中的介电常数提高，从而在某种程度上能够降低在表面上电荷产生的速率。

2. 抗静电剂的导电原则

（1）不影响其他添加剂的性能，在聚合物加工过程中往往加入很多助剂，如热稳定剂、抗氧剂、阻燃剂、润滑剂、着色剂等，因而抗静电剂必须与其他助剂有比较好的相容性。

（2）抗静电剂也不应影响制品的透明度、着色性。

（3）有高的卫生安全性，无毒，无臭，对皮肤无刺激。

（二）抗静电剂的导电优点

采用抗静电剂的导电方法有混入法和涂布法两种。混入法是混入材料中的抗静电剂在材料内部扩散，并以适当的量向材料表面迁移的方法。与涂布法相比，其抗静电的耐久性好，而且无须增加涂布、干燥等设备及工序，因此被广泛地应用。抗静电剂添加材料的优点如下：

（1）少量添加即可在材料表面显示出抗静电效果，故对树脂原有的物理机械性能损失较小。

（2）复合工艺简便易行，可以随其他助剂一起加入高分子材料中，无须增加辅助设备。

（3）不会改变材料原有的颜色。

在实用中使用市售的抗静电剂时，往往不单独使用，而是将各种离子

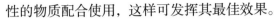

性的物质配合使用，这样可发挥其最佳效果。

抗静电剂的混入方法与其他助剂的混入方法基本一样，主要视聚合物本身的形态来决定。当聚合物是粉状或糊状等形态时，可采用一般通用的方法，但要注意加料顺序及其要点：①注意长期混炼（或混合）时温度的影响；②注意在不同阶段加入时对后续工艺的影响。如果聚合物是粒料时，抗静电剂的混入分散就很困难，就应考虑先将抗静电剂制作成母料，也就是含抗静电剂的树脂粒料，然后将母料依照抗静电剂的浓度进行配制。

四、高分子材料性能的发展趋势

（一）复合性的发展

目前在高分子材料实际研究与开发的过程中可以发现，复合材料的优势很多。复合材料通过汇聚多种材料的优势，可以打破传统单一材料的局限性，以此拓宽材料使用领域，提升经济效益。

目前在复合类型材料实际开发研究过程中，其已经被应用在航天航空领域、海洋领域、造船领域等相关工程中，可针对大规模的纤维增强类型材料进行开发与研究，且材料的适应性能很高，有助于针对树脂材料进行合成，提升原材料应用强度；耐热性能也很高，有助于增强界面与黏结等相关性能，保证在各个领域应用的过程中，充分发挥相关材料的积极作用，满足当前的时代发展需求。

（二）智能化的发展

在实际研究的过程中可以发现，对高分子材料进行智能化的开发创新，属于研究领域中较为重要的课题，主要在实际工作中，将生物智能化技术应用在高分子材料的研究开发中，使其可以具有较高的自我诊断与修复功能，识别应答能力得到全面提升。可根据人体状态的实际特点与状况，将智能化的材料制作成为具有制药调节与控制性能的微胶囊材料，有助于根据生物体的生长规律与愈合规律等，将智能化的高分子材料应用在医疗领域中，并将其制作成为人造血管医用材料与人造骨医用材料，以满足当前的医疗发展需求，达到预期的研究目的。

与此同时，对高分子材料进行智能化研发有助于提升材料的应用效果与价值，充分发挥高分子材料的积极作用。例如，将智能化高分子材料的研发技术应用在新材料开发领域、生物技术开发领域、分子原子工程开发领域与人工智能开发领域中，可以形成良好的材料研究创新产物的结合体，促进各方面工作的科学落实与合理实施。

第二节　高分子材料的结构与性能

一、高分子链的近程结构

近程结构是指大分子中与结构单元相关的化学结构，包括构造与构型两部分。构造是指结构单元的化学组成、键接方式及各种结构异构体（支化、交联、互穿网络）等；构型是指分子链中由化学键所固定的原子在空间的几何排列。近程结构属于化学结构，不通过化学反应近程结构不会发生变化。

（一）结构单元在分析链接中的键接方式

键接方式是指结构单元在分子链中的连接形式。由缩聚或开环聚合生成的高分子，其结构单元键接方式是确定的。但由自由基或离子型加聚反应生成的高分子，结构单元的键接会因单体结构和聚合反应条件的不同而出现不同方式，对产物性能有重要影响。

结构单元对称的高分子，如聚乙烯，结构单元的键接方式只有一种。带有不对称取代基的单烯类单体（$CH_2 = CHR$）聚合生成高分子时，结构单元的键接方式则可能有头—头、头—尾、尾—尾三种不同方式。这种由键接方式不同而产生的异构体称为顺序异构体。由于 R 取代基位阻较高，头—头键接所需能量大，结构不稳定，故多数自由基或离子型聚合生成的高分子采取头—尾键接方式，其中夹杂有少量头—头或尾—尾键接方式。有些高分子，形成头—头键接方式的位阻比形成头—尾键接方式要低，则头—头键接方式的含量较高。

双烯类单体（如 $CH_2 = CR—CH = CH_2$）聚合生成高分子，其结构单元键接方式更加复杂。因双键打开位置不同而有 1，4-加聚、1，2-加聚或3，

4– 加聚等几种方式。对 1，2– 加聚或 3，4– 加聚产物而言，键接方式又都有头—尾键接和头—头键接之分；对于 1，4– 加聚的聚异戊二烯，因主链中含有双键，又有顺式和反式几何异构体之分。

结构单元的键接方式可用化学分析法、X 射线衍射法、核磁共振法测量。键接方式对高分子材料物理性质有明显影响，最显著的影响是不同键接方式使分子链具有不同的结构规整性，从而影响其结晶能力、影响材料性能。如用作纤维的高分子，通常希望分子链中结构单元排列规整、使结晶性好、强度高、便于拉伸抽丝。用聚乙烯醇制造维尼纶（聚乙烯醇缩甲醛）时，只有头—尾连接的聚乙烯醇才能与甲醛缩合而生成聚乙烯醇缩甲醛，头—头连接的羟基就不能缩醛化。这些不能缩醛化的羟基，将影响维尼纶纤维的强度，增加纤维的缩水率。

(二) 分子链支化和交联

大分子除线型链状结构外，还存在分子链支化、交联、互穿网络等结构异构体。支化与交联是由于在聚合过程中发生链转移反应，或双烯类单体中第二双键活化，或缩聚过程中有三官能度以上的单体存在而引起的。支化的结果使高分子主链带上长短不一的支链。短链支化一般呈梳形，长链支化除梳形支链外，还有星形支化和无规支化等类型。

支化高分子与线型高分子的化学性质相同，但支化对材料的物理、力学性能影响很大。以聚乙烯为例，在高压下由自由基聚合得到的低密度聚乙烯（LDPE）为长链支化型高分子；而在低压下，由 Ziegler-Natta 催化剂催化的配位聚合得到的高密度聚乙烯（HDPE）属于线型高分子，只有少量的短支链。两者化学性质相同，但其结晶度、熔点、密度等性质差别很大。

支链的长短同样对高分子材料的性能有影响。一般短链支化主要对材料的熔点、屈服强度、刚性、透气性以及与分子链结晶性有关的物理性能影响较大，而长链支化则对黏弹性和熔体流动性能有较大影响。表征支化结构的参数有：支化度、支链长度、支化点密度等。聚乙烯的支化度可用红外光谱法通过测定端甲基浓度求得。

大分子链之间通过支链或某种化学键相键接，形成一个分子量无限大的三维网状结构的过程称为交联（或硫化），形成的立体网状结构称为交联结构。热固性塑料、硫化橡胶属于交联高分子，如硫化天然橡胶是聚异戊二烯分子链通过硫桥形成网状结构。交联后，整块材料可看成一个大分子。交联高分子的最大特点是既不能溶解也不能熔融，这与支化结构有本质的区别。

支化高分子能够溶于合适的溶剂，而交联高分子只能在溶剂中发生溶胀，其分子链间因有化学键联结而不能相对滑移，因而不能溶解。生橡胶在未经交联前，既能溶于溶剂，受热、受力后又变软发黏，塑性形变大，无使用价值；经过交联（硫化）以后，分子链形成具有一定强度的网状结构，不仅有良好的耐热、耐溶剂性能，还具有高弹性和相当的强度，成为性能优良的弹性体材料。

（三）分子链中结构单元的立体构型

构型是指分子链中由化学键所固定的原子在空间的几何排列。这种排列是化学稳定的，要改变分子的构型必须经过化学键的断裂和重建。由构型不同而形成的异构体有两类：旋光异构体和几何异构体。

所谓旋光异构，是指饱和碳氢化合物分子中由于存在不同取代基的不对称碳原子 C^* 形成两种互成镜像关系的构型，表现出不同的旋光性。这两种旋光性不同的构型分别用 d 和 l 表示。

例如—（CH_2—C^*HR）$_n$—大型高分子，每一个结构单元均含有一个不对称碳原子 C^*，当分子链中所有不对称碳原子 C^* 具有相同的 d(或 l) 构型时，就称为全同立构；d 和 l 构型交替出现的称为间同立构；d 和 l 构型任意排列就是无规立构，如图 3-1[1] 所示。

双烯类单体 1，4- 加成聚合时，由于主链内双键不能旋转，故可以根据双键上基团在键两侧排列方式的不同，分出顺、反两种构型，称为几何异构体。凡取代基分布在双键同侧者称为顺式构型，在两侧者称为反式构型。反式结构聚异戊二烯因等同周期小、结晶度高，常温下为一种硬韧状的类塑料材料。具有完全同一种构型的聚合物是极少见的，一般的情形是既有有规立构的短序列，也有无规立构的短序列。因此，表征一个聚合物的立构规整性，需要测定三个参数：立构规整度、立构类型及平均序列长度。测量方法

---

[1] 张春红，徐晓冬，刘立佳：《高分子材料》，北京航空航天大学出版社，2016年，第3-5页。

有 X 射线衍射法、核磁共振法、红外光谱分析法。

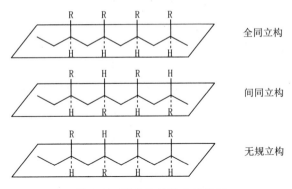

全同立构

间同立构

无规立构

图 3-1　高分子链的立体构型

大分子链的立构规整性对高分子材料的性能有很大影响，例如，有规立构的聚丙烯容易结晶，熔融温度达 175 ℃，可以纺丝或成膜，也可用作塑料；而无规立构聚丙烯呈稀软的橡胶状，力学性能差，是生产聚丙烯的副产物，大多用作无机填料的改性剂。又如，顺式 1，4- 聚丁二烯是一种富有高弹性的橡胶材料（顺丁橡胶），而反式 1，4- 聚丁二烯在常温下是弹性很差的塑料。

（四）高分子链接结构单元的化学组成

高分子链的结构单元或链节的化学组成，由参与聚合的单体化学组成和聚合方式决定。按主链化学组成的不同，高分子可分为碳链高分子、杂链高分子和元素有机高分子。除主链结构单元的化学组成外，侧基和端基的组成对高分子材料性能的影响也相当突出。例如，聚乙烯是塑料，而氯磺化聚乙烯（部分 —H 被 —SO$_2$Cl 取代）成为一种橡胶材料。聚碳酸酯的羟端基和酰氯端基都会影响材料的热稳定性，若在聚合时加入苯酚类化合物进行"封端"，体系热稳定性显著提高。

二、高分子链的远程结构

远程结构主要指高分子的大小（相对分子质量及相对分子质量分布）和大分子部分或整链在空间呈现的各种几何构象。

（一）高分子链的内旋转构象分析

构象是指分子链中由单键内旋转所形成的原子（或基团）在空间的几何排列图像。大分子链的直径极细（约为零点几纳米），而长度很长。通常，在无扰状态下这样的链状分子不是笔直的，而呈现或伸展或紧缩的卷曲图像。这种卷曲成团的倾向与分子链上的单键发生内旋转有关。

碳链化合物中的 C—C 单键由 σ 电子构成，电子云呈轴对称分布。在分子运动时，C—C 单键能够绕着轴线相对自由旋转，称为内旋转。已知两个相邻 C—C 键的键角为 $109°\ 28'$，假设碳原子上不带任何其他原子或基团，则 C_2—C_3 单键可以在固定键角不变的情况下，绕 C_1—C_2 单键自由地旋转，其轨迹是一个圆锥面。换句话说，由于 C_1—C_2 单键旋转，C_3 原子有可能出现在圆锥底面圆周的任何位置上。同理，C_3—C_4 单键绕 C_2—C_3 单键旋转的轨迹也是一个圆锥面。由于分子链的每一根单键都在同时发生旋转，可以想象，整个分子链在空间的几何形态（构象）会有"无穷"多个。因此，一条大分子链的几何构象数非常大，分子链看来是相当柔顺的。

分子链单键的内旋转实际上并不是完全自由的。由于分子链上的碳原子总带有其他原子或基团，这些非键合原子充分靠近时，外层电子云之间将产生斥力，使单键的内旋转受阻，旋转时需要消耗一定能量以克服所受的阻力。

一般来说，分子中反式、旁式构象的能量差与分子热运动能量 kT 的数量级相同。所以，温度较高时，两种构象间的转变大体平衡，大分子链不断地从一种构象转化为另一种构象。这种高分子链构象不断变化的性质，称为柔顺性。柔顺性产生的根源就是 C—C 单键的内旋转。按 Bolzmann 公式，体系的熵可由构象数求得，即 $S = k\ln W$。由此可知，大分子链的构象熵值很高，而且根据熵增原理，在无扰状态下分子链有向发地取混乱卷曲状态的倾向。这些是高分子链柔顺性的热力学本质。

（二）相对分子质量与相对分子质量的分布

相对分子质量的分布反映了样品中不同分子种类的存在情况。在高分子化合物中，例如聚合物，分子量的分布是评估其性能的重要指标。聚合物的分子量分布通常受到合成条件的影响，例如温度、反应时间和催化剂类型等。这些因素决定了聚合反应的链增长速率和终止方式，从而影响最终产品的分子量及其分布特征。

分子量的分布对材料的机械、热学和光学性质起着关键作用。高分子材料的力学能，如强度、韧性和延展性，往往与其分子量分布有直接关系。例如，较宽的分子量分布可能导致材料在不同应力状态下表现出不同的变形特性。此外，分子量的分布还影响热熔点和玻璃化转变温度，这对塑料和橡胶等应用尤为重要。

通过现代分析技术，例如凝胶渗透色谱和质谱法，研究人员能够精确测定样品的分子量及其分布。这些技术使得分子量的测定不再依赖于传统的化学方法，而是通过对分子在特定条件下的行为进行观察，从而获得更为准确的信息。这些数据不仅对材料的开发和应用至关重要，也为基础研究提供了重要的支持。

三、高分子材料的综合性能

(一) 高分子材料的电学性能

"导电高分子材料因为具有比金属材料密度低、可加工性好及能量密度大等优点，获得了研究人员广泛重视。"[1]电线包层是高聚物优良电学性质的一个重要方面。在各种电工材料中，高聚物材料具有很好的体积电阻率、很高的耐高频性和击穿强度，是理想的电绝缘材料。在电场作用下，高聚物表现出对静电能的储存和损耗的性质，称为"介电性"，通常用介电常数和介电损耗来表示。在通常情况下，只有极性聚合物才有明显的介电损耗，而非极性聚合物介电损耗的原因是由于极性杂质的存在。

常见聚合物的介电常数（ε）见表3-2[2]。有的高聚物具有大的介电常数和很小的介电损耗，从而可以用作薄膜电容器的电介质；而有的高聚物可以利用其较大的介电损耗进行高频焊接。其他具有特殊电功能的高聚物有高聚物驻极体、压电体、热电体、光导体、半导体、导体、超导体等。

---

[1] 周晨，杨巍，《皮革高分子材料电学性能的研究进展》，《西部皮革》，2015 年第 6 期。.
[2] 本节图表均来自程晓敏，史初例：《高分子材料导论》，安徽大学出版社，2006 年，第64 页．

此外，由于聚合物的高电阻率使得它有可能积累大量的静电荷，比如聚丙烯腈纤维因摩擦可产生高达 1500 V 的静电压。静电产生的吸引或排斥力，会妨碍正常的加工工艺。静电吸附灰尘或水也影响材料的质量。一般聚合物可以通过体积传导、表面传导等来消除静电。目前工业上广泛采用添加抗静电剂来提高聚合物的表面导电性。

关于静电产生的机理至今还没有定量的理论，一般认为是聚合物摩擦时，ε 大的带正电，ε 小的带负电；也就是极性高聚物易带正电，非极性高聚物易带负电。物质在上述序列中的差距越大，摩擦产生的电量越多。

表 3-2   常见聚合物的介电常数

聚合物	ε
聚四氟乙烯	2.0
聚丙烯	2.2
聚乙烯	2.3 ~ 2.4
聚苯乙烯	2.5 ~ 3.1
聚碳酸酯	3.0 ~ 3.1
聚对苯二甲酸乙二醇酯	3.0 ~ 4.4
聚氯乙烯	3.2 ~ 3.6
聚甲基丙烯酸甲酯	3.3 ~ 3.9
尼龙	3.8 ~ 4.0
酚醛树脂	5.0 ~ 6.5

(二) 高分子材料的其他性能

1. 渗透性能

液体分子或气体分子可从聚合物膜的一侧扩散到其浓度较低的另一侧，这种现象称为"渗透"或"渗析"。由于高分子材料的渗透性，使高分子材料在薄膜包装、提纯、医学、海水淡化等方面获得广泛的应用。一般来讲，链的柔顺性增大，渗透性提高；结晶度越大，渗透性越小；当大分子链上引入极性基团时渗透性下降。

2. 旋光性能

（1）折射。聚合物的折光指数是由其分子的电子结构因辐射的光电场作用发生形变的程度所决定，聚合物的折光指数一般都在 1.5 左右。无应力的非晶态聚合物在光学上也是各向同性的，因此只有一个折光指数。结晶的和各向异性的材料，折光指数沿不同的主轴方向有不同的数值，该材料被称为"双折射"。

（2）透明性。大多数聚合物不吸收可见光谱范围内的辐射，当其不含结晶、杂质时都是透明的，如有机玻璃、聚苯乙烯等。但是由于材料内部结构的不均匀性会造成光的散射，加上光的反射和吸收使透明度降低。

第三节　高分子材料在环境中的应用

一、离子交换树脂

在给水处理中，合成高分子的离子交换树脂主要用于水的软化、除盐及制备高纯水。在工业废水处理中，主要用于废水中的重金属离子的去除和回收。离子交换树脂是一种不溶于水的多孔性固体物质，在其孔表面及孔隙内一定部位附有特定的离子交换基团，它能从溶液中吸附某种阳离子或阴离子，同时把本身所含的另外一种相同电荷符号的离子等当量地交换，放出到溶液中。离子交换剂包括天然沸石、人造沸石、磺化煤、离子交换树脂等四种，前三种只能交换阳离子，只能用于水的软化。而离子交换树脂有阳离子型和阴离子型两大类，又有强性（强酸、强碱）树脂及弱性（弱酸、弱碱）树脂之分，尤其弱性树脂的出现，由于它的交换容量大、选择性高和再生容易等特点，使它在处理工业废水中的重金属离子方面有相当广泛的应用。比如用阴树脂处理、回收含铬废水，用钠型阴树脂回收化纤厂含锌废水。离子交换树脂虽然比沸石、磺化煤价格高，但它的交换能力是前两者的 8 倍，并且出水效果稳定，随着离子交换树脂品种的逐渐增多逐渐替代了前者，尤其是高选择性树脂的开发，使它在工业废水处理中的应用更加广泛。

二、水处理中的膜分离法

水处理领域中的膜分离法是一项基于合成高分子材料的技术，主要运用"离子膜"和"半透膜"的特殊透过性能，以实现对水中离子、分子以及一些微粒的有效分离。该技术包括电渗析、反渗透、超滤和渗析等不同应用方法。

电渗析法是其中一种方法，通过在外部施加直流电场的作用下，利用高分子交换膜的选择透过性，实现水中阴阳离子的有序迁移。具体而言，阳膜只允许阳离子透过，而阴膜则只允许阴离子透过。这样的有序迁移使得水中的离子得以有效分离，构成一种物理化学过程。电渗析法在海水淡化、水的除盐以及废水深度处理等领域外都得到了广泛应用，被认为是废水深度处理中具有良好发展前景的方法之一。

膜分离法的另一种应用方法是反渗透。该方法通过使用半透膜，只允许溶剂分子通过而阻隔其他溶质，从而实现对水中离子和分子的有效分离。反渗透被广泛应用于海水淡化和饮用水净化等领域，其高效的除盐效果使其成为解决淡水资源短缺问题的有效手段。

超滤是膜分离法的另一重要方面，它利用微孔膜对水中微粒进行筛选，实现对溶液的浓缩和分离。超滤技术在水处理中被广泛用于去除悬浮物、细菌和病毒等微粒，提高水的纯度。

渗析则是通过半透膜使得不同物质在浓度梯度下进行透析，从而实现对水中成分的分离。这一方法在某些特定的水处理场景中，如生物制药领域，具有独特的应用价值。

三、水处理及污泥处理中的絮凝剂

水处理及污泥处理中的絮凝剂在国内外被广泛应用，主要包括无机盐类、无机高分子和有机合成高分子絮凝剂。无机絮凝剂价格低廉，但其出水带色、对设备有一定腐蚀作用。相比之下，有机高分子絮凝剂具备出色的性能，主要表现在六个方面：①分子量高，保持产品性能的稳定性；②具有强大的吸附架桥能力；③含有多种官能团，絮凝效果显著，适用范围广泛；④投药量较少，生成的污泥量明显减少，投药量一般为无机混凝剂的1/10；⑤形成的絮体大而密实，有利于与水分离；⑥处理后污泥中的絮凝剂残留物可随污泥焚烧，不会导致二次污染。其中，阳离子型的聚丙烯酰胺（PAM）是当前使用最广泛的高分子絮凝剂，具有电中和、吸附架桥和压缩双电层作用，能有效去除水中带负电荷的黏土胶体和乳化油。

我国水处理中采用的高分子絮凝剂主要包括：①聚丙烯酰胺，主要用于给水处理、污水处理和污泥脱水；②聚胺，主要用于给水处理；③聚二烯丙基二甲基氯化胺，主要用于工业废水处理；④双氰胺-甲醛树脂，主要用于工业废水处理。由于污水来源广泛、水质复杂，任何单一絮凝剂都很难完全絮凝，因此，复合型高分子絮凝剂应运而生。复合型高分子絮凝剂由多种物质共聚而成，分子结构中包含多种官能团，能处理水中不同性质的胶体物质。

第四章　光催化材料及其在环境中的应用

光催化材料是一类具有独特性能的功能材料，在环境领域的应用不仅有助于改善空气和水质，减缓气候变化，还为清洁能源的发展提供了新的解决方案。本章将探讨光催化理论、光催化净化技术分析、光催化材料在环境中的应用。

第一节　光催化理论

一、半导体光催化反应过程

半导体光催化原理是基于固体能带理论的。半导体能带结构不连续，从充满电子的价带顶端（VBT）到空的导带底端（CBB）的区域称为带隙。典型半导体的带隙为 $1 \sim 4$ eV。

光催化中电荷载流子必须先被捕获，才可能抑制复合并促进界面间的电荷转移。纳晶 TiO_2 薄膜中载流子复合时间被延长到 μs 范围，电子转移到分子氧的慢过程将与复合发生竞争。通常决定着量子产率和电荷界面转移的两个关键：一是电荷载流子的复合和捕获的竞争（在 ps 至 ns 的时间尺度）；二是捕获载流子的复合和界面电荷迁移的竞争（在 μs 至 ms 的时间尺度）。延长电荷载流子寿命或者提高界面电荷转移速率可望获得更高的量子产率。顺磁共振（EPR）可以用来跟踪捕获的电子和空穴。通常低温下捕获的电子以 Ti^{3+} 形式存在，表面吸附的氧可以消除 Ti^{3+} 信号。捕获的空穴被认为是位于较深能级的态，而其确切形式还没有一致的结论，其可能的形式有：连接羟基的次表面氧自由基（Ti—O·—Ti—OH）、从表面羟基生成的表面氧自由基（Ti—O—Ti—O·）以及晶格氧自由基（O^-）等。

通过实验可以估测捕获电子态的能量。例如，通过热发光或热激发电

流测定金红石 TiO_2 单晶的捕获电子态位于导带下 $0.21 \sim 0.87$ eV 的位置；对于纳晶 TiO_2 薄膜，捕获电子态测定位于导带下的 $0.5 \sim 0.7$ eV；通过发光光谱分析锐钛矿 TiO_2 纳米粒子的四个浅捕获电子态位于导带下 0.4 eV、0.5 eV、0.64 eV 和 0.86 eV。捕获空穴态的能级位置可以通过间接方法测定。例如，TiO_2 颗粒与 $\cdot OH$ 反应产物认为是颗粒表面的深能级捕获空穴，其氧化还原电位位于价带上 1.3 eV；通过导带电子与深能级的捕获空穴复合发光光谱测定捕获空穴位于价带上约 1.5 eV 的位置。

事实上 TiO_2 纳米颗粒具有高度水化的表面，不同环境下均存在大量的羟基，因此羟基的作用非常复杂。通常认为两种不同的表面 Ti—OH 基团在捕获载流子（捕获空穴 Ti^+— $\cdot OH$ 和捕获电子 Ti^{3+}—OH）中起到重要作用。一是质子化的桥连羟基 $Ti—OH^+$—Ti；二是端基 Ti—OH（可简单认为是 OH^- 离子吸附在五配位的 Ti^+ 或者这些位置上的解离吸附水）。两者酸碱性不同，导致反应活性不同。桥氧上电子捕获的两种途径是：先电子捕获随后发生质子转移，或者反之。最终形成中性的桥氧 Ti—OH 基团，电子被六配位的 Ti^+ 捕获。另外几乎所有的光生空穴被或深或浅的捕获位捕获，而电子则大部分是未捕获的自由电子。这点能够解释为什么 TiO_2 表面氧的还原非常慢，因为自由电子与分子氧的反应比捕获电子慢得多。

二、光催化反应中的活性物质

半导体被大于带隙能的光子激发产生光生电子和空穴，随后电子和空穴迁移到颗粒表面形成一系列的活性物质，同时发生氧化还原反应。具有确定氧化性的物质包括自由或捕获的空穴、H_2O_2、$\cdot OH$、超氧自由基 $\cdot O_2^-$、单线态氧 $^1O_2$、O_2 以及有机化合物自由基中间产物等。

光催化反应中空穴是主要的一种氧化物质。光生空穴在 ps 内被 TiO_2 表面捕获，继而发生许多初级的氧化过程。TiO_2 纳晶光催化剂表面有深和浅两种不同的捕获位存在。其中浅捕获空穴容易热激发回到价带，与自由空穴建立平衡转化。浅捕获空穴与自由空穴具有相当的反应活性与迁移性。深捕获空穴则具有较弱的氧化能力。这些捕获空穴的具体化学结构还不甚清晰。浅捕获空穴能迅速与表面化学吸附的物质反应，而深捕获空穴则易于和物理吸附的物质反应，反应速率较慢。

对于同一种物质，吸附状态可能随着环境变化而发生改变。例如，TiO_2 吸附乙醇，当表面有一层物理吸附的水分子，乙醇则以物理吸附松散地停留在水层；而提高温度使得物理吸附的水分子挥发，乙醇分子将与表面的钛醇基团反应形成乙氧基，限制了其分子迁移能力。该过程可逆，当重新水化形成水分子层，乙氧基将水解返回物理吸附形式。化合物在催化剂表面吸附的难以影响其降解途径，通过光电化学方法研究，会发现甲醇氧化不是通过空穴途径的，因为在水溶液环境下，水使得甲醇不易发生表面吸附；然而甲酸是直接通过空穴氧化的，因为甲酸能够在 TiO_2 表面发生强吸附。

通过实验和理论方法均可确定光催化反应中羟基自由基（·OH）的存在。·OH 在光催化氧化反应中起到重要作用，特别是对于在 TiO_2 表面弱吸附的物质。这种氧化途径称为间接氧化，而相对于此的空穴氧化被称为直接氧化。EPR 是检测·OH 存在的常用方法。通常认为·OH 的形成机理是电子转移的氧化反应，即通过价带空穴氧化吸附在 TiO_2 表面的水分子、氢氧根或表面的钛醇基团（TiOH）而形成的。

光生电子还原被氧捕获可以产生超氧自由基·O_2^-。超氧自由基也可以用 DMPO 捕获并通过顺磁共振检测，然而在水溶液体系中·O_2^- 不稳定，可以通过式（4–1）的歧化反应转化为 H_2O_2 和 O_2，因此需要在有机溶剂如甲醇的溶液中进行捕获和检测。

$$·O_2^- + ·O_2^- + 2H^+ \longrightarrow H_2O_2 + O_2 \tag{4–1}$$

在光催化氧化反应中·O_2^- 的地位不如·OH 和空穴重要，可以进攻中性底物和表面吸附的自由基或自由基离子。超氧自由基的光催化氧化反应的作用主要在于：与有机的过氧自由基反应完全矿化有机污染物、歧化反应生成 H_2O_2、抗菌活性以及与捕获空穴反应形成另一种强氧化剂单线态氧 $^1O_2$。

在大气、生物和医学研究领域单线态氧 $^1O_2$ 作为重要的活性氧物质被广泛研究。$^1O_2$ 的寿命较短，存留时间小于·OH（约 $10\,\mu s$）和捕获空穴，因此光催化生成的 $^1O_2$ 主要停留在 TiO_2 表面，不能扩散到空气或水环境中。但是 $^1O_2$ 生成的量子产率较高，因此在有机物分子氧化降解中有一定贡献。检测发现 $^1O_2$ 的发射峰在加入超氧歧化酶时完全淬灭，说明 $^1O_2$ 是来自 O_2^-。$^1O_2$ 主要停留在 TiO_2 表面，不能氧化与 TiO_2 表面没有亲和作用的烟酰胺腺嘌呤二核苷酸，但可以氧化容易吸附于 TiO_2 表面的水溶性蛋白质，如牛血清白蛋白。研究还发现在磷脂膜环境中有助于 TiO_2 光催化反应中形成 $^1O_2$。表面修饰有机硅烷或氟化的 TiO_2 颗粒可以光催化氧化降解常规光催化反应中的稳定产物氰尿酸。氰尿酸是一种稳定的化合物，通常在 TiO_2 光催化和超声化反应中不发生降解。而 TiO_2 表面憎水修饰后抑制了电荷迁移，但促进了能量转移，通过能量转移途径形成的 $^1O_2$ 引起了氰尿酸的有效降解。

第二节　光催化净化技术分析

一、光催化空气净化技术

(一) 光催化空气净化原理

空气污染物的光催化降解反应可以用动力学方程来描述。动力学方程从反应物降解机理的描述给出反应速率，而且动力学方程可以指导反应器的放大设计和应用，实验室测定的动力学参数和动力学反应速率等数据是进行实际光催化反应器尺寸设计所必需的参数。对于单分子反应，可以从反应动力学级数直接进行描述，如反应物 A 的降解速率可以表示为：

$$r_A = kC_A^n \tag{4-2}$$

其中：n——为 0、0.5、1 或 2；

　　　C_A——反应物浓度；

　　　k——速率常数。

然而，目标污染物的光催化降解速率通常与各种影响因素有关 (如光强、反应物浓度、氧浓度、水蒸气浓度、温度等)，动力学方程中必须考虑这些因素并用于优化这些实验条件，从而指导反应器的设计。对于气相污染物的光催化反应，反应速率与吸附量成正比，且光催化反应是表面吸附的氧 (或含氧分子) 与可还原反应物的表面双分子反应历程：

$$r = k\theta_R \theta_{O_2 \text{(ads)}} \tag{4-3}$$

其中：θ_R ——反应物 R 在光催化剂表面吸附的覆盖率；

　　　$\theta_{O_2 \text{(ads)}}$ ——氧气在催化剂表面吸附的覆盖率。

基于单分子层表面吸附的 Langmuir 模型，R 的表面吸附覆盖率为：

$$\theta_R = \frac{K_A[R]}{1 + K[R]} \tag{4-4}$$

其中：K_A——吸附平衡系数。

经测定，O_2 在 Degussa P25 表面的吸附平衡系数在 $3.4 \times 10^3 \sim 20 \times 10^4 M^{-1}$，通常空气中氧气充足（体积比约为 20.8%），可以认为 $\theta_{O(ads)}$ 接近 1，则式（4-3）可以简化为单分子 L-H 模型（ULH），即得到动力学表达式。

然而，在光催化空气净化的实际应用中，通常存在多种化合物的竞争吸附，因此在多组分共存情况下，ULH 模型需要修改多组分的 L-H 模型（MLH），公式如下：

$$r_A = k \frac{K_A C_A}{1 + K_A C_A + \sum_i K_i C_i} \tag{4-5}$$

水蒸气是一种重要的反应物，水分子在催化剂表面的吸附可以有助于形成高活性的羟基自由基，但是也可以与目标污染物分子形成竞争吸附。研究发现，过量的水存在将抑制一些气相污染物的降解，包括甲醛、丙酮、甲苯、间二甲苯和四氯乙烯等。通过考虑水分子在表面的吸附作用，建立双分子 L-H 模型（BLH），用于研究湿度对光催化降解有机污染物的影响。

$$r = k_0 F_p F_w \tag{4-6}$$

$$F_p = k_1 C_p / \left(1 + k_1 C_p + k_2 C_w\right) \tag{4-7}$$

$$F_w = k_4 C_w / \left(1 + k_3 C_p + k_4 C_w\right) \tag{4-8}$$

其中：r——氧化速率（$\mu mol/cm^{-2} \cdot h^{-1}$）；

$\quad\quad k_0$——比例常数；

$\quad\quad k_1$、k_2、k_3、k_4——Langmuir 吸附平衡常数；

$\quad\quad C_p$ 和 C_w——气相污染物浓度和水蒸气浓度；

$\quad\quad F_p$ 和 F_w——污染物和水在相同吸附位的竞争吸附作用。

对于这一双分子吸附有：$k_1 = k_3$；$k_2 = k_4$。

若令 $k_4 = \infty$，则 $F_w = 1$，简化为单分子吸附模型（ULH）。

Obee 等采用该模型在拟合湿度对甲醛、甲苯、1,3-丁二烯等光催化降解数据时取得成功，而且发现在高湿度条件下，会降低三种污染物的光催化降解速率，且湿度对降解速率的影响与污染物的浓度紧密相关，这是因为污染物和水分在活性吸附位的竞争以及由此导致活性自由基生成和数量变化引起的。水蒸气浓度对光催化反应速率的影响可以通过经验公式进行定量分析，如丙酮氧化降解速率随着水蒸气浓度升高而降低的经验方程为：

$$r = \frac{r_0}{1 + K_H C_W^{\beta}} \qquad (4\text{-}9)$$

其中：r_0——没有水蒸气存在时的光催化反应速率；

C_w——水蒸气浓度；

$K_H = 9.6 \times 10^7 \ m^3/mg$ 和 $\beta = 17$ 是两个通过实验数据拟合的常数。

理论上光催化降解气相有机污染物时，存在最佳的水蒸气浓度，这可以通过实验获得。另外，水蒸气也影响了光催化反应形成的中间产物和副产物，例如，甲醛光催化反应生成的副产物甲酸随着湿度升高而降低。

(二) 典型废气的光催化净化

1. ZnO 光催化氧化正庚烷

正庚烷是一种典型的易挥发短链饱和烷烃，化学稳定性高而对环境危害大。采用半导体光催化技术，以宽带隙半导体 ZnO 超微粒为催化剂，用气相色谱—质谱联用仪对光催化过程中气体组成进行定性分析，对中间产物丙醛进行定量分析，并考察氧气、水蒸气分压等因素对其光催化氧化的影响规律。$n\text{-}C_7H_{16}$ 单独光照下的光解作用可以忽略，而单独 ZnO 粒子对 $n\text{-}C_7H_{16}$ 的吸附作用也很小。在 ZnO 粒子和光照下 $n\text{-}C_7H_{16}$ 发生光催化降解。如图 4-1 所示是商品 ZnO 投加量对 $n\text{-}C_7H_{16}$ 光催化降解速率的影响。当 ZnO 粒子的投加量为 0.2 g 时达到饱和，此后 $n\text{-}C_7H_{16}$ 光催化降解速率不再随 ZnO 的用量增大而升高。

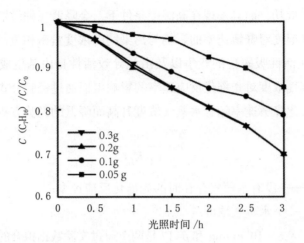

图 4-1 商品 ZnO 用量对光催化降解 n-C_7H_{16} 的影响

利用 GC/MS 对反应 3h 后的气体进行成分分析，结果显示反应气体中主要有（按保留时间增加的顺序）：CO_2、丙醛、n-C_7H_{16}、3-庚酮和 4-庚酮等，且丙醛为 n-C_7H_{16} 光催化降解反应的主要中间产物。可证实产物中 CO_2 的存在，说明 n-C_7H_{16} 可以被彻底氧化，且反应时间越长或催化剂活性越大，CO_2 的生成量越高。纳米粒子 ZnO 对 n-C_7H_{16} 光催化降解的活性随着粒径的增加而降低，但相对于商品 ZnO 的活性要高。在光催化气体降解反应中，催化剂本身的特征如粒径大小、比表面积、氧缺位含量等是影响其活性的主要因素，即随着 ZnO 粒子粒径减小、比表面积和氧缺位含量等增加，其光催化活性逐渐增加。

另外，在气相反应体系中，氧气分压和水蒸气分压对光催化反应有很大的影响，尤其是吸附于光催化剂表面的 O_2 和水蒸气。一般认为，O_2 能捕获光生电子，可有效地阻止电子和空穴的复合，提高反应效率；同时 O_2 通过俘获电子产生在光催化反应中发挥重要作用的各种活性自由基。另外，O_2 自身也是参与反应的氧化剂。图 4-2 是氧气分压对 ZnO 纳米粒子光催化降解 n-C_7H_{16} 速率的影响，随着氧气分压的增加，n-C_7H_{16} 光催化降解速率加快，当氧气分压为 25% 时，n-C_7H_{16} 光催化降解速率达到最大值，但是当氧气分压继续增加到 30% 时，n-C_7H_{16} 光催化降解速率反而下降。在氧气分压较低时，由于没有足够的吸附氧作为光生电子的捕获剂，活性氧化物质不足，且在反应初期降解速度较快，消耗了大量的氧气，导致反应后期降解较慢；随着氧气分压的增加，降解反应的速度逐渐加快，且趋于达到最大值，或者说氧气成为光催化反应的非控制步骤，同时前后期反应的速度趋于相同；继续增加氧气分压，由于氧气在催化剂表面的大量吸附以及表面的过度羟基化，从而影响了 n-C_7H_{16} 的有效吸附导致光催化降解速率的下降。

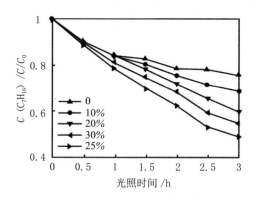

图 4-2　O₂ 分压对光催化降解庚烷的影响

气相中水蒸气的存在有利于·OH 的生成并促进光催化反应，所以通常情况下适量的水将加快光催化反应的进行，但是当水含量超过某一界限，由于水蒸气与有机物在催化剂表面的竞争吸附，则有可能降低光催化活性。图 4-3 是水蒸气对商品和纳米粒子 ZnO 光催化降解 n-C_7H_{16} 的影响，可见水蒸气的存在对光催化氧化反应有一定的促进作用，但是对纳米粒子的影响要大于商品 ZnO，这与粒子的性质如表面积等有关。

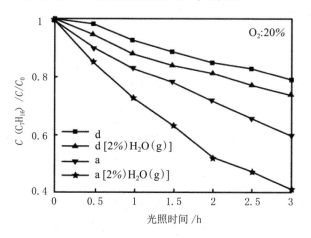

图 4-3　H₂O（g）对 ZnO 粒子光催化降解 n-C_7H_{16} 的影响（a 为纳米 ZnO，d 为商品 ZnO）

水蒸气分压对 ZnO 纳米粒子光催化降解 $n\text{-}C_7H_{16}$ 速率的影响规律如图 4-4 所示，由该图可以看出，随着水蒸气分压的增加，$n\text{-}C_7H_{16}$ 光催化降解速率加快，当水蒸气分压为 2.5% 时，$n\text{-}C_7H_{16}$ 光催化降解速率达到最大值，此后水蒸气分压继续增加，$n\text{-}C_7H_{16}$ 光催化降解速率开始下降。

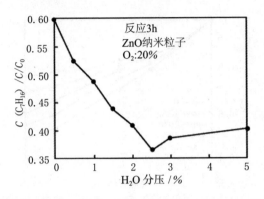

图 4-4　H_2O（g）分压对光催化降解 $n\text{-}C_7H_{16}$ 的影响

光照和 ZnO 是 $n\text{-}C_7H_{16}$ 发生光催化氧化反应的两个必要条件。根据 GC/MS 对反应体系中气相产物的定性分析结果以及文献结果，可推测 ZnO 光催化氧化 $n\text{-}C_7H_{16}$ 反应的机理。在无水的条件下，由于吸附的分子氧捕获电子产生活性氧物质而引发正庚烷的降解；而引入水分后，由于活性组分·OH 的增加进一步加快了 $n\text{-}C_7H_{16}$ 的氧化。此外，从气相产物中主要有丙醛、庚酮等，可以推测活性组分如 $O_2^{\cdot-}$ 和·OH 等易于攻击 $n\text{-}C_7H_{16}$ 中 3 和 4 位置的 C 而导致 $n\text{-}C_7H_{16}$ 的降解。

2. ZnO 光催化氧化 SO_2

二氧化硫（SO_2）是一种重要的大气污染物质，是引起酸雨和光化学烟雾的元凶，所造成的环境危害引起环保工作者的高度关注。我国城市由于煤炭的大量使用，城市大气以煤烟型污染为主，其中火电厂的二氧化硫排量已经超过全国二氧化硫排放的 50%，国家对火电厂脱硫治理要求日趋严格，SO_2 的控制和消除技术显得尤其重要。采用光催化原理可以有效氧化 SO_2 生成 SO_3，从而变废为宝。

在无光照条件下，SO_2 并不发生氧化反应；无 ZnO 存在下 SO_2—O_2—N_2 体系可进行 SO_2 的均相光化学氧化。SO_2 在紫外光照射下可形成单线态 $^1SO_2$ 和三线态 $^3SO_2$，后者在 SO_2 的光化学反应中起主要作用，可与 SO_2 或 O_2 反

应形成 SO_3。光照下引入光催化剂 ZnO，同时发生均相光化学氧化和非均相光催化氧化。在光催化反应过程中，有白色烟雾生成，45 min 左右烟雾最大，1.5 h 后烟雾基本消失，反应 3 h 后有无色或淡黄色液滴生成，可证实反应过程中生成了气态和凝聚态 SO_3。

氧气分压和水蒸气分压是光催化氧化 SO_2 反应的重要影响因素，尤其是吸附于光催化剂表面的 O_2 和水蒸气。图 4-5 是氧气分压对 ZnO 纳米粒子光催化氧化 SO_2 速率的影响。结果表明 SO_2 氧化速率先是随着氧气分压的升高而增加，当氧气分压为 3.0% 时达到最高，此时继续升高氧气分压，氧化速率降低。过量氧气抑制 SO_2 氧化是因为氧气在催化剂表面的竞争吸附或者氧气对 $^3SO_2$ 的猝灭作用。

水蒸气也存在类似影响，如图 4-6 所示，SO_2 光催化氧化速率先是随着水蒸气分压的升高而增加，当水蒸气分压为 3% 时达到最大，继续升高水蒸气分压将使得 SO_2 光催化氧化速率降低。在模拟大气环境中 SO_2 的光催化氧化数据见表 4-1，可以看出紫外光照下模拟大气中 SO_2 的光催化氧化效率较高，在净化废气中 SO_2 的应用中具有一定技术前景。

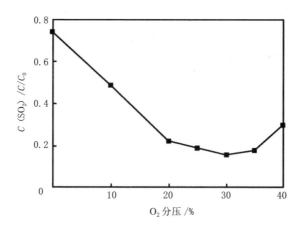

图 4-5　氧分压对 SO_2 光催化氧化影响

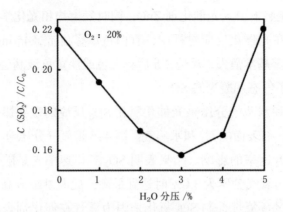

图 4-6　H_2O（g）分压对光催化氧化 SO_2 的影响

表 4-1　ZnO 纳米粒子光催化氧化 SO_2 的数据

$C_0(SO_2)$ /（μ mol/L）	氧化百分比 /%	
	无 ZnO	有 ZnO
166	52.2	81.1
83	65.3	94.3
43	78.9	99.1

　　光照是 SO_2 发生氧化反应的一个必要的条件。在无水无 ZnO 的条件下，$3SO_2$ 的光化学形成是 SO_2 氧化的关键，决定了均相光化学反应的速度；引入 ZnO 后，$3SO_2$ 和活性氧物质是 SO_2 氧化反应的关键。

二、水体净化光催化技术

（一）有机污染物的光催化降解

　　通过非均相半导体光催化反应可以彻底降解有机化合物，将其矿化为 H_2O、CO_2 和相应的无机离子（Cl^-、Br^-、SO_4^{2-}、NO_3^- 等）。相对于其他的高级氧化技术（UV/O_3、UV/H_2O_2、UV/Fenton 等），光催化反应仅需要使用光催化剂和人工或太阳光源，利用空气中的分子氧作为氧化剂，而无须外加计量氧化或还原药剂，因此成本较低。光催化反应几乎能降解所有涉及的有机污染物，包括烷烃、卤代烷烃、醇、羧酸、烯、芳香烃、卤代芳香化合物、聚合物、表面活性剂、杀虫剂、除草剂、染料以及溴代阻燃剂、消毒副产物、药品和个人护理品等新生污染物，对于一些常规物化和生物水处理技术难以适用的难降解的有毒有机污染物，采用光催化处理技术具有特殊优势。另外，光催化反应同时涉及氧化和还原反应，去除的污染物可达 10^{-9} 数量级，所以适合各种水质水体的深度处理。总之，随着世界各国环境水质标准的越加严格，有效、经济且环境友好的光催化水处理技术因其诱人的应用前景而受到广泛重视。

实际水体水质成分非常复杂，水体中存在大量的溶解性阴阳离子，将对光催化反应产生重要影响。阴离子（包括 Cl^-、ClO_4^-、NO_3^-、CO_3^{2-}、HCO_3^-，SO_4^{2-}、PO_4^{3-}）一方面通过与目标有机物竞争活性氧物质（如羟基自由基）而降低氧化有机污染物的速度。然而 SO_4^{2-}、PO_4^{3-} 等在光催化反应中将形成特殊的自由基 $\cdot SO_4^-$ 和 $\cdot H_2PO_4^-$，这些自由基又将引发并促进有机物的降解反应。另一方面硫酸盐、磷酸盐等阴离子比较容易牢固地吸附在光催化剂表面而引起催化剂的失活。因此阴离子存在对有机物光催化降解的影响比较复杂。

金属阳离子存在可以促进光催化反应，因为金属离子可以通过捕获电子或空穴促进光生载流子的分离，而且通过均相类 Fenton 反应的发生可以产生额外的 $\cdot OH$。但是金属阳离子浓度过高又将降低有机物的降解速率，这是因为：①产生了不形成活性氧的循环短路反应过程；②金属离子光学吸收引起的滤光作用；③溶解性金属离子形成氢氧化物沉淀覆盖了 TiO_2 表面。

光催化水体净化过程中添加无机氧化剂如 O_3、H_2O_2、BrO_3^-、$S_2O_8^{2-}$ 和 ClO_4^-，可以产生协同氧化效应，促进有机污染物的光催化降解，这是因为：一方面，这些氧化剂可以作为电子捕获剂以更高的效率捕集电子，抑制了复合作用；另一方面，反应过程中生成更多的 $\cdot OH$ 和其他强氧化的自由基，促进了污染物的光催化降解。

近年来对于水环境中的低浓度高危害的内分泌干扰物的去除引起了大量关注。这些化合物即使在较低浓度下也能够破坏正常的内分泌系统，对人类和水生生物造成严重危害。然而通过常规生物法很难完全降解，且常规的化学方法处理也存在高耗低效的局限，光催化技术在消除该类低浓度高危害污染物上具有特殊的优势。例如商用阻燃剂多溴联苯醚（PBDEs）共有 209 种同系物，其中十溴联苯醚 BDE209 是应用最广泛的一类。多溴联苯醚能够影响肝酶活性和内分泌，导致免疫毒性并在大脑成长的关键阶段影响神经生长。BDE209 可以通过光化学降解脱溴，表观一级速率常数仅为 $10^{-3} s^{-1}$ 数量级，而在 300~350 nm 波长的平均量子效率为 0.47，而事实上在太阳光中这部分紫外光占的比例很小。然而通过 TiO_2 光催化还原降解，一级反应动力学常数可达 $0.33\ min^{-1} \pm 0.22\ min^{-1}$，且光催化降解受溶剂成分影响。在 N, N- 二甲基甲酰胺、乙腈和甲醇作为溶剂时发生明显降解，而水、甲酸、乙酸和三氟乙酸的存在降低了反应速度，有机碱吡啶、二乙基胺等的加入在一定程度上促进其光催化降解反应。

(二) 无机污染物的光催化去除

在光催化还原金属阳离子时，如果没有其他可被氧化的物质存在，伴随金属离子还原反应的氧化反应只有水的氧化，而这一过程的电子转移动力学缓慢，因此光生电子和空穴发生的复合将与氧化还原反应发生竞争，从而导致光催化还原反应效率较低。为提高光催化还原金属离子的转化率，常添加有机酸或醇作为电子受体牺牲剂，捕获空穴，促进电子和空穴的分离。根据有机添加物的电子转移机理不同，可以分为两种类型：直接接电子受体和间接电子受体。前者直接从有机物（如 ED-TA）转移到价带；后者（如甲醇、4- 硝基苯酚、水杨酸）则是通过空穴氧化形成的羟基自由基形式发生转移，随后羟基自由基氧化有机物。因此有机物的添加可以有效促进金属阳离子的光催化还原。

甲酸是一种常用的电子受体牺牲剂，首先甲酸能够获得光生空穴，通过光生空穴直接氧化作用或 $\cdot OH$ 的间接氧化途径形成 $CO_2^-\cdot$，而该自由基是强还原剂，随后可以通过两种途径促进金属阳离子的光催化还原。以金属 Cd^{2+} 的光催化还原为例，一方面 $CO_2^-\cdot$ 可以获得另一个空穴，而致使更多的电子用于 Cd^{2+} 的还原；另一方面 $CO_2^-\cdot$ 本身可以参与 Cd^{2+} 的还原。醇类化合物可以引起光电流倍增现象，通过提供更多的电子，也能有效促进金属离子的还原反应。

在水溶液中，光生电子可能还原质子、水、溶解氧和金属离子，这与水体 pH 以及金属离子的浓度有关。许多无机阴离子可以被光催化氧化转化为安全的产物。TiO_2 非均相光催化在水体净化中的最早应用研究就是针对氰化物的。氰化物是电镀电解工业和煤气生产废水中的主要污染物，通过光催化反应 CN⁻ 可以被氧化转化为异氰化物、氮气或硝酸盐，其中涉及的机理可能是直接电荷迁移的氧化反应、经表面吸附羟基的间接氧化或者通过扩散自由基在水溶液中的均相过程。

(三) 光催化水体净化处理器及应用

1. 利用太阳能的光催化水处理器

利用太阳能的光催化水体净化工艺要求能够捕获足够多的短波高能光子，这与光热转换获得高温不同。基于采光装置的差异有三种反应器：抛物线槽式、非聚光式和复合抛物线聚光式。

线聚焦的抛物线槽式采光器（Parabolic-Trough Concentrators，PTCs）类似光热转换的槽式聚光器，技术成熟，第一台室外工程应用的反应器由美国新墨西哥州 Sandia 实验室在 1989 年设计和建造，该反应器由反射聚光的抛物线表面组成，包括马达控制的太阳光跟踪系统，以保证采光器平面始终垂直于太阳光线方向，所有的太阳光汇聚到抛物线几何中心的耐热玻璃吸收管，管内流过预净化处理的污水。1990 年欧洲设计建造了类似的槽式聚光反应器，用于光催化污水处理。PTCs 反应器的总光学效率达到 50%，能有效利用太阳辐射，也可以同时获得热能作为他用；反应器体积相对较小，单位体积接受的太阳能量巨大；污水在管内湍流，挥发性的化学物质不会逸出；整个工艺的运行和控制相对简单和廉价。然而这种反应器也存在一些缺点：①处理污水容易被加热；仅能利用直接辐射，辐射通量太高以至于许多光子没有被有效利用，因此光学效率和量子产率较低，仅为 1；②建造成本昂贵；③如果采用固定化的光催化剂，那么由于反应器反应面积很小，可以应用的催化剂用量较小，也限制了光催化效率的提高。因此 PTCs 反应器不适用于实际的光催化水体净化。

非聚光式反应器无须太阳光跟踪装置；无须聚光，除了利用直接入射的太阳光，还能利用杂散射光；结构简单，运行和维护方便，生产和运行成本均低于 PTCs 反应器。通常有三种不同结构形式的非聚光式反应器：①自由流落的薄层：由 21 级台阶组成的不锈钢矩形容器构成，表面盖上一个耐热玻璃以防止挥发性化合物的逸出和水的蒸发，反应器面积为 1 m²，固定在架子上直接接受太阳光辐射；②加压的折流板：在一定压力下，液体通过隔板隔离的循环流动并被降解；③太阳浅池：现场的小型浅池反应器。非聚光式反应器也存在一些问题：①对于反应器的材料要求较高，需要经受风雨侵蚀，化学稳定性好，表面能透过紫外线；②反应中流体一般以薄层形式流动，传质效率较低；③敞开反应器将导致反应物的挥发和新的污染；④反应器面积较大，必须保证足够的压降，而在设计中为使得低压降下且经济有效地实现液体流动，采用管状反应器结构是有利的。

复合抛物线聚光器（Compound Parabolic Concentrators，CPC）是在光热转换应用中的一种低聚光采光器，这种形式结合了抛物线聚光式（PCTs）和静止的非聚光平面系统的特点，是一种比较受欢迎的太阳能光化学反应器。CPC反应器可以同时利用直射光和杂散光，能保证湍流流态，不会出现过热，能经受风雨侵蚀，成本较低，光子效率和量子产率均较高，是太阳能光催化水处理技术的最佳选择。Malato等采用CPC反应器和TiO_2悬浮液，在中试规模对工业、农业和城市污水的光催化净化处理做了大量的研究，结果发现约50 mg/L的有机物在太阳光照下数小时内可以完全降解。

2. 光催化水体净化的应用

尽管光催化技术在污水的去污、消毒和净化中有着显著的应用价值，但是目前为止实际的工业化或商业化的应用很少。早期的两个示范工程分别是美国的地下水处理系统和西班牙的工业废水处理系统。前者是1993年由NREL实验室采用PTCs反应器建造的，采用Degussa P25悬浊液处理三氯乙烯污染物的地下水；后者是1994年采用12套PTCs反应器建造的树脂厂污水太阳能光催化处理系统，含复杂有机成分的污水初始TOC为0.006 mol/L，通过添加一定的$Na_2S_2O_8$在44 min内可以获得100%的降解效率。

通常TiO_2光催化被认为仅适合处理低浓度污水，因为光催化的总体效率较低，且受到光子通量的限制。因此，在一些传统水处理技术难以适用时，太阳能光催化技术将是很好的选择。例如，染料废水脱色处理，很低的染料浓度仍能使得污水产生明显的颜色，而采用太阳能光催化技术进行深度处理，能以较低的成本使得污水完全脱色。环境水体中的内分泌干扰物浓度通常很低，对人和环境生物产生重要影响，采用常规处理技术处理这些污染物存在高耗而低效的问题，但是通过光催化技术被有效且彻底地消除这些污染物质。因此光催化技术被应用在污水深度处理和给水处理中，可有效消除低浓度的内分泌干扰物质，保障用水安全。

含金属离子的工业废水的处理面临着巨大的挑战。金属离子不被降解，长期存在且在生物体内富集放大，因此水质标准中对于金属离子的浓度有着严格的限制。金属的回收处理不仅能降低环境污染的危害，还能循环利用资源。常规回收污水中金属离子的物理化学方法是采用氢氧化物沉淀、活性炭吸附、离子交换、电化学和膜分离等。但是这些方法对金属回收的选择性差，对于极低和超高浓度的金属离子处理效率较低。采用光催化方法可以将金属离子还原沉积到催化剂表面，并进一步提取回收。通过 O_2 和添加电子受体可以从金属混合物中选择性分离金属，例如分离含有 $S_2O_3^{2-}$ 的照相定影液中的 Ag^+ 和 Cu^{2+} 混合物时，光照下 Ag^+ 被选择性地还原回收，同时 S_2O 被氧化为 SO_4^{2-}；在 Pt、Au 和 Rh 的氯化物混合物中充入一定量的溶解氧延迟 Rh 的光催化还原，可以依次分离 Pt、Au 和 Rh。

由于砷（As）是地壳组分，地下水的侵蚀作用常使得地下水中含有过量的 As，饮用过量的 As 将导致患膀胱癌、肾癌等的危险。As（V）可以被常规水处理工艺混凝过滤可有效去除，而 As（III）采用这些常规方法去除效率较低。将地下水中的 As（III）通过 TiO_2 光催化氧化为 As（V）是一种环境友好的有效氧化处理技术。研究表明 As（III）主要通过超氧自由基的氧化转化 $As^{IV}(OH)_3^+$，随后 As（IV）自由基迅速与捕获的空穴、羟基自由基或分子氧反应转化为 As（V）。挥发性有机物也是受污染地下水中常见的污染物，可以通过抽取污染的地下水，喷洒使得 VOCs 挥发进入气相，采用光催化空气净化技术进行降解处理，也可直接光催化处理污染的水体将其去除。

254 nm 的紫外线能有效破坏生物细胞，广泛用于水体的杀菌消毒。然而，太阳光的紫外部分主要为 290 ~ 400 nm，杀菌活性很弱，采用太阳能光催化消毒的方法可以提供安全的饮用水，这将是发展中国家和沙漠地区制备饮用水的一种非常有前景的方法。大肠杆菌 E.Coli 是最容易被杀灭的细菌，而肠球菌则最难被破坏，细菌的破坏机理涉及光催化过程中产生的各种活性氧物质。采用 CPC 反应器和悬浊液（0.02 g/L）或固定化的 TiO_2（20 g/m²）光催化剂，通过太阳能光催化消毒的中试实验，可以将初始浓度高达 10 CFU/mL 的 E.Coli 迅速而彻底地杀灭。

第三节 光催化材料在环境中的应用

随着全球环境问题的不断加剧，人们对清洁能源和环保技术的需求也日益增长。在这一背景下，光催化净化作为一种新型的环保技术，正逐渐受到关注。光催化材料能够利用光能将有害物质转化为无害物质，从而在环境保护和治理方面展现出广阔的应用前景。

一、污染物降解

光催化材料在污染物降解方面展现出卓越的性能。其核心原理是利用光能激发催化剂产生活性氧物质，从而高效分解有机污染物。例如，采用钛酸钠等光催化剂，通过光催化过程将光能转化为化学能，加速有机物质的降解过程。这种技术在处理水体中的废水、有机废气等方面表现出显著的潜力，为环境治理提供了一种绿色、可持续的解决方案。

在光催化的过程中，催化剂与光子相互作用，激发电子，形成活性氧物质，如羟基自由基（·OH）等。这些活性氧物质具有强氧化性，能够迅速与有机污染物发生反应，将其降解为无害的小分子或水和二氧化碳。这种高效降解的机制使得光催化材料在处理废水和废气方面具有独特的优势。

例如，采用二氧化钛作为光催化剂的光催化反应是一种常见的应用。当二氧化钛受到光照时，其电子发生激发，形成电子—空穴对。这些电子—空穴对能够与水和氧气发生反应，生成羟基自由基（·OH）等活性氧物质。这些活性氧物质在体系中具有极强的氧化能力，能够迅速氧化附近的有机污染物，最终实现废水中有机物的高效降解。这种光催化技术不仅在实验室中得到验证，而且在实际应用中也取得了显著的成果。例如，在工业废水处理中，通过引入光催化技术，可以高效降解有机废水中的化学物质，提高处理效率，降低环境污染程度。同时，这一技术也被成功应用于城市污水处理厂，通过引入光催化反应单元，使废水中的有机物更彻底地被降解，从而提高了处理的彻底性和水质的净化程度。

总体来说，光催化材料在污染物降解领域的应用前景广阔。通过优化催化剂的设计和光催化体系的搭建，可以进一步提高光催化的效率和稳定性，使其更好地适应不同污染物种类和废水废气处理场景。

二、水处理

在水处理领域，光催化材料的应用同样表现出色。其独特的光催化性质为水资源的清洁和净化提供了一种独特而高效的解决方案。光催化材料在水处理中主要通过降解水中的有害物质，包括但不限于重金属、有机化合物和药物残留等。

以重金属去除为例，重金属是水体中常见的污染物之一，其高毒性和蓄积性对人类健康和生态系统构成潜在威胁。采用光催化技术，特别是二氧化钛催化剂，可以有效降解水中的重金属离子。在紫外光照射下，催化剂激发电子，形成活性氧物质，进而与水中的重金属发生复杂的氧化还原反应，最终将其转化为无害的沉淀物或离子态。这一过程不仅高效，而且对水体中其他成分的影响较小，为水资源的可持续利用提供了可行的技术路径。

在有机污染物降解方面，光催化同样具备卓越的性能。许多有机化合物，如染料、农药等，由于其稳定性较高，传统的水处理方法往往难以完全降解；而采用光催化技术，特别是采用光敏催化剂如铁氧化物等，可以有效地将这些有机污染物降解为水和二氧化碳。这一过程中，光催化剂的表面与有机分子发生光诱导的氧化还原反应，从而实现有机物质的高效降解。这种方法不仅适用于工业废水处理，还可应用于饮用水净化，为解决水质污染问题提供了一种绿色、可持续的技术选择。

此外，光催化技术对水中药物残留的去除也展现出优越性能。现代社会中，随着医药技术的进步，水体中药物残留问题逐渐引起人们的关注。这些药物残留可能对水生态系统和人类健康造成潜在风险。通过引入光催化技术，可以高效降解水中的药物残留，将其转化为无毒无害的产物。这为解决水体中的药物污染问题提供了一种新的思路和方法。

综上所述，光催化材料在水处理领域的应用具有广泛的潜力，其高效降解有机物、去除重金属和消除药物残留等特性，为水质净化提供了一种独特而可行的解决方案。未来的研究和开发工作应致力于提高光催化材料的稳定性、降解效率以及可持续性，以更好地应对复杂的水质处理问题。

第五章　功能材料在环境中的应用实例探究

在当前环境污染和能源危机的严峻形势下，光催化技术作为一种具有广泛应用前景的环境治理和能源转换手段备受关注。在这一背景下，钛酸纳米管及其改性体系成为了研究的热点之一。本章聚焦于钛酸纳米管前驱体的水热制备方法，以及镧元素掺杂和镧氟共掺改性 TiO_2 粉体的制备、结构控制及对光催化性能的影响。同时，还将探讨由微米片组装形成的 BiOI 微米圆环的制备流程，以及其在光催化中的性能表现。深入研究这些关键技术细节，旨在为提升光催化材料的性能、拓展其应用领域提供科学依据，为环境治理和可持续发展做出积极贡献。

第一节　钛酸纳米管为前驱体 TiO_2 粉体的制备、结构控制及光催化性能

一、钛酸纳米管前驱体水热制备 TiO_2 的背景

光催化剂 TiO_2 在环境净化领域具有很好的应用潜力，其研究越来越受到重视。自从水热法可以合成钛酸纳米管以来，大比表面积和高孔体积的钛酸纳米管，由于具有独特的微结构而引起广泛注目。然而钛酸纳米管结晶度很低，没有光催化活性。因此，利用钛酸纳米管为前驱体制备高光催化活性的 TiO_2 已成为近年来光催化领域的挑战和热点。

钛酸纳米管通常通过热处理方法，转变为锐钛矿相 TiO_2。将钛酸纳米管在 $400 \sim 600$ ℃热处理 2 h 得到锐钛矿相 TiO_2，其光催化氧化丙酮的效果比 P25 好。但是钛酸纳米管热处理结构不稳定性，当温度小于 300 ℃发生层间脱水，温度大于 300 ℃发生层内脱水，管状结构坍塌；由于形成光生电子空穴对的复合中心，光催化降解丙烯的效果变差。将商品钛酸钠与乙二醇的

反应物作为前驱体，分别在 550 ℃和 900 ℃热处理 2 h，可以制备钛酸钠纳米棒，对氯苯酚有光降解效果，但活性比 P25 差。

最近，有研究报导利用钛酸纳米管易发生晶型转变的特征，选择低温水热的湿化学法，制备结构可控、高活性的锐钛矿相 TiO_2。钛酸和锐钛矿 TiO_2 结构相似，都具有由相邻 TiO_6 八面体共用四条棱而构成的 Z 字带结构特征，在水热过程中，通过脱水形成锐钛矿 TiO_2，水热媒介对晶态 TiO_2 产物的结构将产生影响。

以钛酸纳米管作为前驱体，制备高光催化活性 TiO_2 的制备方法中，热处理方法通常需要 300~600℃的高温，而水热方法处理温度低，简单易控。

二、钛酸纳米管为前驱体 TiO_2 粉体的制备

粉体 TiO_2 1g 与 80 mL 10 mol/L 的 NaOH 溶液置于 100 mL 的聚四氟乙烯高压釜中。先将高压釜 130 ℃保温 24 h，得到白色沉淀。过滤后，经 0.1 mol/L 的 HCl 清洗至酸性，再用蒸馏水洗至中性，然后 80 ℃干燥 12 h，得到钛酸纳米管粉体。

以钛酸纳米管为前驱体，HNO_3+KBF_4 溶液为水热媒介制备锐钛矿晶型 TiO_2，其方法为先将自制的钛酸纳米管 1 g，氟硼酸钾 0.5 g，置于 100 mL 聚四氟乙烯的水热釜中，再加入 75mL 的 0.01 mol/LHNO_3，高压釜 180 ℃保温 24 h；得到的沉淀物用蒸馏水洗至中性，然后 80℃干燥 12 h，得到 TiO_2 粉末。

在另外三组不同水热媒介实验中，在水热釜中加入的反应物分别为：① 75 mL 蒸馏水和钛酸纳米管 1 g；② 75 mL 的 0.01mol/LHNO_3 和钛酸纳米管 1 g；③ 75 mL 蒸馏水、钛酸纳米管 1 g 和氟硼酸钾 0.5 g；④高压釜 180℃保温 24 h 等其他条件相同。

三、钛酸纳米管为前驱体 TiO_2 粉体的结构表征

(一) 平均粒径，结晶度及形貌

在 180 ℃、24 h 的相同水热条件下，H_2O、HNO_3、KBF_4 和 HNO_3+KBF_4 的四种水热媒介制备 TiO_2 的 XRD 图如图 5-1 所示。前驱体的钛酸纳米管

（图 5-1a），经过上述条件水热后，四种水热媒介（图 5-1b 至图 5-1e）都得到了锐钛矿型 TiO_2。

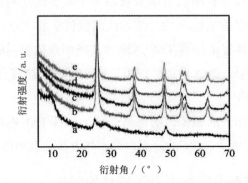

a—钛酸　b—水热媒介　c—水热媒介：HNO_3　d—水热媒介：KBF_4　e—水热媒介：HNO_3+KBF_4

图 5-1　不同水热媒介合成 TiO_2 的 XRD 图

平均粒径尺寸采用 Scherrer 方程计算。

根据比表面积和粉末粒度关系公式（假定为球形）：$D = \dfrac{6}{\rho A}$（ρ 为锐钛矿 TiO_2 密度 $3.84\ g/cm^3$，D 为平均粒径，A 为比表面积），估算比表面积。

相对结晶度采用锐钛矿（101）晶面衍射峰的相对强度之比进行评价。水热媒介 H_2O 的样品为基准。

可以看出，水热媒介 HNO_3+KBF_4 时，样品的结晶度较大，表明酸性溶液中 F^- 离子的存在有利于提高锐钛矿的结晶度。通过 NH_4F+H_2O 溶液中钛酸四异丙酯的水解，制备 F 掺杂的锐钛矿和板钛矿混合 TiO_2 颗粒，提高 F 含量，能够抑制板钛矿形成，促进锐钛矿的结晶。高的结晶度意味着更少的缺陷，有利于减少光生电子空穴的复合中心。

（二）FTIR 分析

图 5-2 为四种水热媒介制备 TiO_2 的 FTIR 图谱。主峰 $400\sim700\ cm^{-1}$ 是由 TiO_2 中的 Ti—O 键的拉伸和弯曲作用引起。水热媒介为 KBF_4 和 HNO_3+KBF_4 的样品，在大约 $890\ cm^{-1}$ 有小的特征吸收峰，其他水热媒介的样品没有。$890\ cm^{-1}$ 归属于 Ti—F 的振动。F 原子可能有两种存在状态：物理吸附在 TiO_2 表面或者取代了 O 原子进入了 TiO_2 晶格，由 FTIR 图谱不能判断。

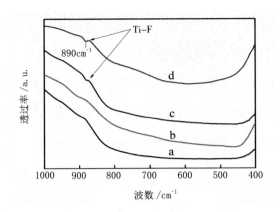

a—钛酸　b—水热媒介　c—水热媒介:KBF₄　d—水热媒介:HNO₃+KBF₄

图 5-2　各种不同水热媒介制备 TiO₂ 的 FTIR 图谱

(三) XPS 分析

图 5-3（a）为水热媒介 H_2O 得到样品的 XPS 宽谱图；水热媒介 HNO_3 结果与图 5-3（a）类似；检测出元素为 Ti、O 和 C。图 5-3（b）为水热媒介 HNO_3+KBF_4 得到样品的 XPS 宽谱图；水热媒介 KBF_4 结果与图 5-3（b）类似；检测出元素为 Ti、O、F 和 C。结合能用 C1s（284.6 eV）矫正。

在 KBF_4 和 HNO_3+KBF_4 水热媒介溶液中制备的 TiO_2，除了含有 Ti、O 和 C 外，还含有 F。这个结果与 FTIR 结果相吻合。

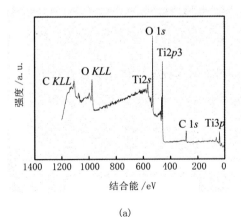

(a)

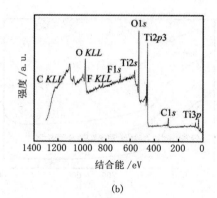

(b)

图 5-3　不同水热媒介制备 TiO_2 的 XPS 图谱

(四) 表面羟基分析

图 5-4 为 HNO_3+KBF_4 水热媒介制备 TiO_2 的 O1s XPS 图谱。图谱用高斯—洛伦兹分布来拟合，选择 Shirley 类型扣背底；且 χ^2 的值小于 2。结果显示：主峰在 529.8 eV，此是 TiO_2 晶格中的 Ti—O；此外，531.8 eV 小峰是归属于 TiO_2 表面的 O—H，即 TiO_2 表面羟基基团。虽然 H_2O 也很容易吸附在 TiO_2 的表面，但是，物理吸附 H_2O 在 XPS 超高真空条件下被脱附。同样，对其他三种水热媒介制备的 TiO_2 进行类似分析，得到了在不同水热媒介制备 TiO_2 样品的羟基基团及钛氧基团的百分含量。水热媒介为 H_2O、HNO_3 和 KBF_4 时，得到的 TiO_2 表面羟基含量相差不大，约占 O 原子的 14%；而在 HNO_3+KBF_4 水热媒介中，得到的 TiO_2 表面羟基含量明显增多，达到 O 原子的 24.3%。

在光电化学电池中，表面羟基能够有效地调节电子，从 TiO_2 的表面转移给电子受体。TiO_2 吸附氧分子与表面羟基含量存在正比关系，TiO_2 表面羟基越多，吸附氧分子增多。因此，TiO_2 表面羟基含量增多，不仅有利于直接地捕获光生电子空穴，而且能够促进 TiO_2 吸附氧分子从而促进捕获光生电子，既有利于抑制光生电子空穴对的再重合，也有利于提高光催化活性。

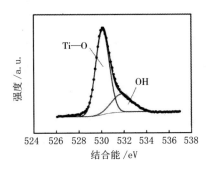

图 5-4　HNO₃+KBF₄ 水热媒介制备 TiO₂ 的 O1s XPS 图谱

（五）化学状态分析

图 5-5（a）和（b）为水热媒介 HNO₃+KBF₄ 制备 TiO₂ 的 F1s XPS Ar⁺ 溅射前后图谱（Ar⁺ 溅射条件：1 min）。图 5-5（a）和（b）图谱左右不对称，拟合结果得到三个子峰：684.3 eV、685.4 eV 和 688.0 eV，分别对应 TiO₂ 中 F 原子存在的三种不同状态。684.3 eV 峰对应于表面物理吸附状态的 F；685.4 eV 峰对应于 TiO₂ 晶格中以 TiOF₂ 状态存在的 F；688.0eV 峰对应于 TiO₂ 晶格以 TiO₂₋ₓFₓ 状态存在的 F。

图 5-5（a）和（b）相比较，值得注意的是，使用 Ar⁺ 溅射后，表面物理吸附状态的 F 峰（684.3 eV）降低，同时，以 TiOF₂ 状态存在的 F 峰（685.4 eV）明显增大，表明 F 部分进入了 TiO₂ 晶格，取代了 TiO₂ 晶格中的 O 原子。

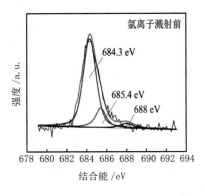

（a）

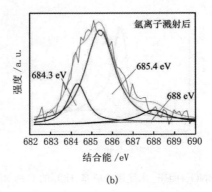

(b)

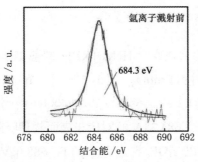

(c)

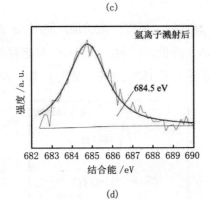

(d)

图 5-5 F1s XPSAr⁺ 溅射前后图谱

图 5-5（c）和（d）为水热媒介 KBF$_4$ 制备 TiO$_2$ 的 F1s XPS Ar⁺ 溅射前后图谱。图 5-5（c）和（d）图谱左右对称，只含有 684 eV 位置的峰，表明 F 为表面物理吸附，没有进入 TiO$_2$ 晶格。

和水热媒介 KBF$_4$ 相比，HNO$_3$+KBF$_4$ 水热媒介制备的 TiO$_2$，F 部分进入了 TiO$_2$ 晶格。这与 HNO$_3$+KBF$_4$ 水热媒介中的 HF 作用有关。

四、钛酸纳米管为前驱体 TiO_2 粉体的光催化活性

四种水热媒介制备的 TiO_2 降解甲基橙溶液的表观速率常数如图 5-6 所示。作为比较，钛酸纳米管前驱体以及 P25 也在该图中表示。对于没有光催化活性的钛酸纳米管前驱体，四种水热媒介进行水热处理后，都显示出活性，这归因于都转化成锐钛矿 TiO_2，与 XRD 结果相对应。水热媒介为 HNO_3+KBF_4 制备的 TiO_2 活性最高，表观速率常数（$2.74 \times 10^{-2} \, min^{-1}$）是 P25（$1.14 \times 10^{-2} \, min^{-1}$）的 2.4 倍，这归因于和其他三种水热媒介相比，得到的 TiO_2 具有高的结晶度以及高的表面羟基基团含量。

从图 5-6 还可以看出，水热媒介为 KBF_4 制备的 TiO_2 活性，与水热媒介 H_2O 以及 HNO_3 相比，虽然结晶度、表面羟基基团含量没有优势，但是，光催化活性较高，这可能由于 TiO_2 表面氟化作用引起。

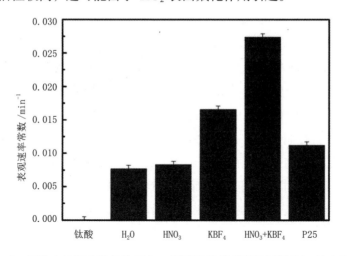

图 5-6　四种水热媒介制备的 TiO_2、钛酸纳米管前驱体以及 P25 的光催化活性

第二节　镧掺杂改性 TiO_2 粉体的制备、结构控制及光催化性能

本节研究以镧（La）掺杂钛酸纳米管为前驱体水热法制备 La-TiO_2 粉体。

水热法掺杂，方法简单，节能环保，且能一步得到锐钛矿相 TiO_2。通过对制备的 La-TiO_2 进行 XRD、SEM、TEM、FTIR、UV-Vis 以及荧光 PL 测试和光催化性能评价，讨论 La 对 TiO_2 的表面羟基、吸收端、表面缺陷以及光催化性能的影响。La 掺杂增加了 TiO_2 表面缺陷 / 氧缺陷，表面缺陷能够吸附氧气形成 O- 基团，进行空穴捕获，产生更多的羟基自由基，有利于光催化性能的提高。这是对 TiO_2 粉体改性的有效方式。

一、镧掺杂改性 TiO_2 粉体的研究背景

近年来，大气 / 水污染净化治理等相关环保产业开始进入快速发展阶段，与人民的幸福指数休戚与共，也是国家产业结构调整的重要方向。在众多环境净化方法中，TiO_2 光催化技术显示出巨大优势：绿色、节能，操作过程成本少。同时，TiO_2 材料由于价廉、性质稳定、性能高以及安全性，是最有应用前景的环境材料之一。

实际应用中，TiO_2 的量子效率低、光响应范围窄等问题一直未得到有效解决。因此，目前对 TiO_2 的研究中，为了提高 TiO_2 性能以满足实际应用的技术要求，具体措施包括：对 TiO_2 进行掺杂、金属沉积、表面敏化、半导体耦合等。TiO_2 的物相组成、晶粒大小及中空孔道结构与性能紧密相关，对 TiO_2 结构进行控制，是提高性能的重要途径。

大比表面积和高孔体积的钛酸纳米管由于具有独特的微结构，显示出高吸附性能，引起了广泛注目。然而，层状结构的钛酸纳米管为非晶态，没有光催化活性。因此，利用钛酸纳米管作为前驱体，制备高光催化活性 TiO_2 光催化剂，便成为研究热点。

稀土金属元素 La 由于其独特的 4f 轨道结构，能产生多电子组态，能和有机污染物形成配合物，从而可使更多的有机污染物吸附在催化剂表面，增加光催化效率。在 TiO_2 结构中掺入稀土元素 La 后，表现出强吸附性能、好的选择性、更优的热稳定性，提高了界面电子转移速率，显现了高的光催化性能。

对 TiO_2 掺杂最普遍方法是溶胶—凝胶法，通常需要 500 ℃以上的高温进行热处理来提高 TiO_2 结晶和去除残留的有机基团。然而，热处理通常会产生颗粒的团聚和分散性不好等问题，光催化性能因此受到限制。水热法处理温度低，制备的粉体具有晶粒小且分布均匀、无团聚，制备过程具有节约

能源、降低环境污染等特点。据我们所知，以钛酸纳米管作为前驱体，采用水热法，低温制备掺杂 TiO_2 的相关研究还不多。

上一节内容以钛酸纳米管作为前驱体，利用 H_2O、HNO_3、KBF_4 以及 HNO_3+KBF_4 的四种水热媒介溶液，成功制备了高结晶度高光催化活性的 F 掺杂 TiO_2 粉体，并分析了水热媒介对 TiO_2 结晶度、表面羟基含量的影响，结果表明 F 掺杂提高了 TiO_2 结晶度，增加了 TiO_2 表面羟基基团含量，提高了光催化活性。

本节将以 La 掺杂的钛酸纳米管为原料，采用水热法制备了 La 掺杂的 TiO_2 光催化剂粉体。为了对比，以钛酸纳米管为前驱体的水热粉体产物 TiO_2 是在相同条件下制备的。通过 XRD、SEM、TEM、FTIR、UV-Vis 及荧光 PL 等结构表征以及光催化性能评价，讨论 La 对 TiO_2 的表面羟基、吸收端、表面缺陷以及光催化活性的影响，据文献报导，La 是以 La_2O_3 形式存在，对 TiO_2 表面的羟基含量及 TiO_2 吸收端的影响不大。La 掺杂增加了 TiO_2 表面缺陷/氧缺陷，表面缺陷能够吸附氧气形成 O^- 基团，进行空穴捕获，产生更多的羟基自由基，自由基具有非常强的氧化能力，有利于有机物氧化分解，有利于光催化性能的提高。

二、镧掺杂改性 TiO_2 粉体样品的制备

制备镧掺杂改性 TiO_2 粉体样品，其工艺流程如图 5-7 所示。水热前的两种前驱体的制备方法如下：

向 75 mL 的 10 M 氢氧化钠（NaOH）溶液中，添加 3 g 商业级 TiO_2（P25），混合溶液在 130 ℃下保温 24 h，用去离子水洗至中性，随后用酸泡 24 h，再用去离子水洗至溶液 pH 到中性，得到钛酸纳米管前驱体（hydrogen titanate）。在上述 NaOH 溶液中，添加 4 mL 的 0.1 M 硝酸镧 $[La(NO_3)_3]$ 溶液，其余条件相同，得到的是 La 掺杂钛酸纳米管前驱体（La-doped hydrogen titanate）。

水热条件：上述两种前驱体分别取 1 g，180 ℃下水热反应 24 h，随后用去离子水洗涤几次，可分别得到两种水热后的产物。

以钛酸纳米管为前驱体的水热产物标记为 TiO_2；以 La 掺杂钛酸纳米管为前驱体的水热产物标记为 La–TiO_2。

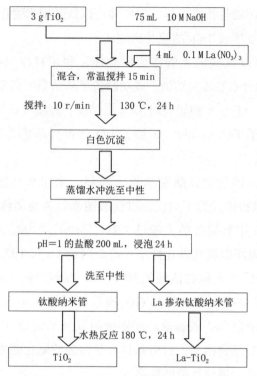

图 5-7　制备 TiO$_2$ 粉末的工艺流程图

三、镧掺杂改性 TiO$_2$ 粉体的结构控制

(一) 微观形貌

对制备得到的前驱体样品和催化剂样品进行微观形貌分析。图 5-8 (a) 为钛酸纳米管前驱体的 SEM 图，管状结构清晰可见，管长度达到微米级，管径约为几十纳米。图 5-8 (b) 为水热反应得到 La-TiO$_2$ 纳米颗粒的 SEM 图，La-TiO$_2$ 纳米颗粒尺度约为几十纳米。

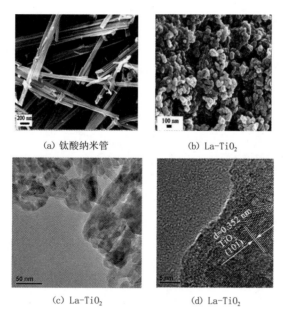

(a) 钛酸纳米管　　　　　　　(b) La–TiO₂

(c) La–TiO₂　　　　　　　　(d) La–TiO₂

图 5-8　形貌观察的 TEM 照片

图 5-8（c）和（d）为 La–TiO₂ 纳米颗粒的 TEM 照片。通过 TEM 照片能够更清楚估算出 La–TiO₂ 纳米晶粒大小为 10～20 nm。

为了得到 La–TiO₂ 纳米颗粒更详细的结构信息，进一步对 La–TiO₂ 纳米颗粒进行 HR-TEM 观察，图 5-8（d）中 TiO₂ 的晶格条纹清晰可见，晶面间距约为 0.352 nm，对应于晶态锐钛矿 TiO₂（101）晶面。从钛酸转变为锐钛矿的过程，钛酸发生缩水反应，导致了管状结构的坍塌，得到了锐钛矿 TiO₂ 纳米颗粒。这与 Yoshida 等人报道的结果一致，纳米管在高于 350 ℃温度下热处理，管状结构转变为纳米颗粒。Zhang 等人对钛酸纳米管的稳定性也进行了研究，钛酸纳米管在热处理时，会发生层内及层间脱水。锐钛矿 TiO₂ 纳米颗粒的形成缘于钛酸纳米管的层内脱水，并导致了管状结构的破坏。虽然前驱体钛酸的管状结构发生了坍塌，但是水热过程是将未结晶的钛酸转变成了改性的结晶态的锐钛矿 TiO₂，这对于提高光催化性能是至关重要的。

（二）元素成分

采用 X 射线能谱分析法、X 射线衍射和红外分析法分析样品 La–TiO₂ 的化学成分，EDX 结果清楚地表明样品中含有 Ti、O 元素（见图 5-9）。图谱中未标注的峰来源于观察形貌前喷在样品表面的贵金属元素 Au 的峰，所示碳元素来自制备 SEM 样品时所使用的导电胶，目的均为提高样品的导电性，便于清晰地观察样品。然而 La–TiO$_2$ 由于 La 元素含量太低，在 EDX 测试中检测不到。

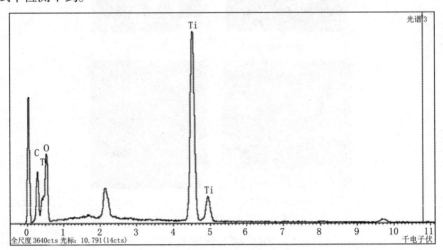

图 5–9   La–TiO$_2$ 样品的 EDX 能谱图

检测得到的元素含量列于表 5–1 中。

表 5–1   检测出各元素百分含量（EDX 分析）

元素	重量百分比 /%	原子百分比 /%
C、K	16.64	27.13
O、K	47.54	58.22
Ti、K	35.82	14.65

XRD 用于检测样品的物相组成。图 5–10 显示了钛酸前驱体及水热合成得到的 TiO$_2$ 图谱。图 5–10 中 a、b 为钛酸前驱体图谱，主峰位于 10°，对应层状钛酸纳米管 H$_2$Ti$_3$O$_7$。钛酸纳米管 H$_2$Ti$_3$O$_7$ 是单斜晶系结构，它的管壁具有多层结构。Bavykin 研究了钛酸纳米管中氢离子所处位置：通常位于管壁上或者多层管壁之间的空隙中，在水溶液中的金属阳离子能够与管壁上的氢离子发生如下反应：

$$x\mathrm{Me}^{n+} + \mathrm{H_2Ti_3O_7} \rightarrow \mathrm{Me}_x\mathrm{H}_{2-x}\mathrm{Ti_3O_7}^{x(n-1)+} + x\mathrm{H}^+ \tag{5–1}$$

Sun 和 Li 将 CO^{2+}、Cu^{2+}、Ni^{2+}、Zn^{2+} 和 Cd^{2+} 和 Ag$^+$ 引入钛酸纳米管晶格

中，他们认为带负电的纳米管主体晶格与带正电的阳离子之间存在静电吸附作用力，带正电的阳离子很容易取代氢离子位置发生离子置换反应。并且，带二价电荷的阳离子比一价阳离子具有更高的电荷密度、更强的静电作用力，因此当二价离子引入钛酸纳米管中占据氢离子位置时，能够更牢固地被吸附于钛酸纳米管中。因此，本实验中的三价 La^{3+} 离子引入钛酸纳米管时，也能够牢固地被吸附于钛酸纳米管中，从而得到前驱体 La 掺杂钛酸纳米管。

当纳米管中引入 La 后，图谱基本保持与钛酸一致，说明了晶格结构未发生变化。此外引入 La 后，2θ 稍向高角度偏移，说明钛酸盐晶面间距发生变化，可能是由于（H，La）$_x Ti_3 O_7$ 的形成，暗示着 La 离子占据氢离子位置，分散吸附于纳米管内。

两种前驱体（钛酸纳米管及 La 掺杂钛酸纳米管）经过水热反应后，都得到了锐钛矿型 TiO_2 粉体。$La-TiO_2$ 中未检测出 La_2O_3，这是由于 La 掺杂含量很低而检测不到。关于 La_2O_3 的存在，将进一步通过 FTIR 及 XPS 进行验证。

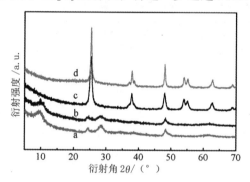

a—前驱体钛酸纳米管　b—前驱体 La 掺杂钛酸纳米管　c—TiO_2　d—$La-TiO_2$

图 5-10　TiO_2 的 XRD 图

图 5-11 为水热制备 TiO_2 的 FTIR 图谱。3400 cm^{-1} 附近的宽吸收峰归属于 TiO_2 表面羟基官能团伸缩振动。处于 1600 cm^{-1} 的吸收峰为 TiO_2 表面物理吸附水的弯曲振动所产生。所观察到的宽阔的主峰处于 400～900 cm^{-1}，该吸收峰是由 TiO_2 中的 Ti—O 和 Ti—O—Ti 键的拉伸和弯曲作用引起。

需要特别指出的是，$La-TiO_2$ 样品中还显示了在 450～500 cm^{-1} 位置的范围较窄的吸收峰，这归属于 La—O 键的振动，说明了 La 成功引入 TiO_2 中，形成了 Ti—O—La，验证了 La_2O_3 的形成。

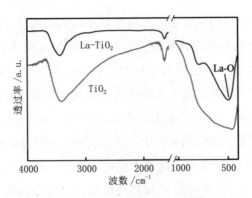

图 5-11　TiO$_2$ 的 FTIR 图谱

（三）La-TiO$_2$ 的化学状态

La-TiO$_2$ 样品中 La 元素的含量很低，EDX 检测不到，我们进一步对样品进行 XPS 定量分析，各元素百分含量列于表 5-2。

表 5-2　各元素百分含量（XPS 分析）

样品	Ti 原子百分比 /%	O 原子百分比 /%	La 原子百分比 /%
La-TiO$_2$	23.5	57	1.08
TiO$_2$	24	52.4	—

从表 5-2 中可以看出，掺杂元素 La 的原子百分含量为 1.08%。在本实验体系制备的 La-TiO$_2$ 样品中，Ti/O 原子百分比大约为 41%，而对比样品 TiO$_2$ 中 Ti/O 原子百分比大约为 46%。这表明 La 引入 TiO$_2$ 中使其成为缺氧型 TiO$_2$，暗示了 La-TiO$_2$ 具有氧空位，在晶格中形成了氧缺陷。因此，我们推断利用 La 掺杂钛酸纳米管前驱体水热制备得到的 La-TiO$_2$，La 可能是掺入 TiO$_2$ 表面，占据氧间隙位置，从而形成得到了缺氧型 TiO$_2$。有类似的报道表明，La 改性 TiO$_2$ 可以增加表面氧缺陷，从而抑制光生载流子的复合，提高量子效率。

图 5-12（a）和（b）分别为制备得到的 TiO$_2$ 和 La-TiO$_2$ 的 XPS 全谱图。由该图可以看出，TiO$_2$ 含有 Ti 和 O 元素，而 La-TiO$_2$ 主要含有 Ti、O 和 La 三种元素。XPS 谱图中出现了 La 3d 小峰，这表明 TiO$_2$ 样品中引入了 La 元素，与 FTIR 结果相吻合。

图 5-13 为 La-TiO$_2$ 的 Ti2p 和 La3d 的高分辨 XPS 图谱。其中，Ti2p 的

在结合能为 464.3 eV 处的峰归属于 Ti2p$_{1/2}$，458.5 eV 的峰归于 Ti2p$_{3/2}$，对应于锐钛矿相 TiO$_2$ 晶体中的 Ti^{4+}。由 XPS 图谱可以说明水热制备得到了锐钛矿相 TiO$_2$，这与 XRD 结果相符。

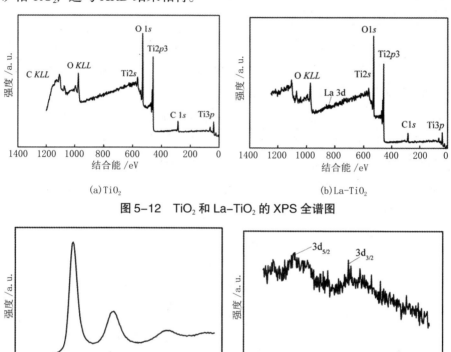

(a) TiO$_2$　　　　　　　　　　(b) La-TiO$_2$

图 5-12　TiO$_2$ 和 La-TiO$_2$ 的 XPS 全谱图

(a) Ti2p　　　　　　　　　　(b) La 3d

图 5-13　La-TiO$_2$ 的 Ti2p 和 La3d 的高分辨 XPS 图谱

在 La3d 的 XPS 图谱中，La3d 约位于 834.5 eV 处和 851.5 eV 处两个特征峰分别对应于 La3d$_{5/2}$，La3d$_{3/2}$。该结果验证了引入 TiO$_2$ 中的 La 是以 La$_2$O$_3$ 的形式存在，与 FTIR 结果相一致。图 5-14 为水热制备 TiO$_2$ 和 La-TiO$_2$ 的 O 1s XPS 图谱。得到的 O 1s 均为非对称型的，图谱可以用高斯—洛伦兹分布来拟合，选择 Shirley 类型扣背底；且 χ^2 的值小于 2。结果显示：主峰在 529.8 eV，归属于锐钛矿型 TiO$_2$ 晶格中以 Ti—O 形式存在的晶格 O 原子；531.8 eV 小峰是归属于 TiO$_2$ 表面吸附的 O 原子或者羟基基团 O—H 中的 O 原子。虽然 H$_2$O 也很容易吸附在 TiO$_2$ 的表面，但是，物理吸附 H$_2$O 在 XPS 超高真空条件下很容易被脱附。此外，La-TiO$_2$ 的样品中还存在位于

532.5 eV 的 La—O 峰。

TiO_2 表面的羟基基团含量与光催化活性密切相关，TiO_2 表面的羟基基团对于空穴和电子捕获的贡献非常重要，主要有两种形式：对空穴进行捕获形成 Ti^{4+}–OH 和对电子进行捕获的 Ti^{3+}–OH。有研究表明，TiO_2 吸附氧分子与表面羟基含量呈正比关系，发现 TiO_2 表面羟基越多，吸附氧分子越多。TiO_2 表面羟基含量增多，不仅有利于直接地捕获光生电子空穴；而且能够促进 TiO_2 吸附氧分子，从而促进捕获光生电子。在此有必要分析探讨 La 掺入 TiO_2 之后 TiO_2 表面羟基含量变化。La–TiO_2 与 TiO_2 两种样品的羟基、钛氧及镧氧基团的百分含量，结果列举于表 5–3。可以看出，La–TiO_2 表面羟基含量与 TiO_2 表面羟基含量差异不大，因此我们认为 La–TiO_2 与 TiO_2 两样品中表面羟基对光催化性能的影响差异也不明显。

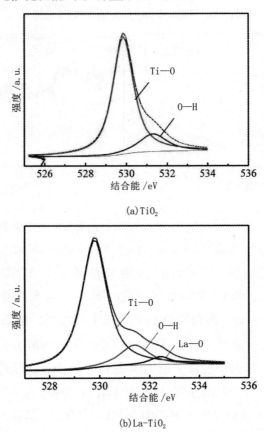

(a) TiO_2

(b) La–TiO_2

图 5–14　水热制备 TiO_2 和 La–TiO_2 的 O 1s XPS 图谱

表 5-3 水热制备的 TiO_2 和 La-TiO_2 中 O 的羟基、钛氧及镧氧基团比例

样品	Ti—O/%	O—H/%	La—O/%
La-TiO_2	81.6	14.3	4.1
TiO_2	83.4	16.6	—

四、镧掺杂改性 TiO_2 粉体的光催化性能

(一) 荧光光谱

荧光图谱分析是分析催化剂表面缺陷及载流子再复合能力的有效手段。图 5-15 显示了 TiO_2 和 La-TiO_2 样品的荧光图谱，测试所用的激发波长是 300 nm。纯 TiO_2 与 La-TiO_2 两个样品显示的荧光信号相同，说明了 La 掺杂 TiO_2 不会产生新的荧光信号，但影响着荧光图谱峰的强度。

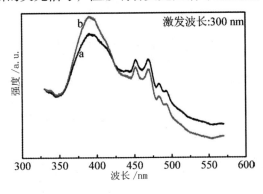

a—TiO_2 b—La-TiO_2

图 5-15 TiO_2 样品的荧光图谱

TiO_2 样品的荧光图谱的主峰均处于 382 nm 处，该峰来源于带边的自由激子发光。当 TiO_2 样品表面存在氧缺陷时，自由电子将很容易与表面氧缺陷结合形成激子，在价带和导带之间产生激发能级，从而得到荧光信号。图 5-16 为 Jing 等人的课题组报道的在 TiO_2 纳米颗粒表面产生的荧光图谱的原理示意图。通常地，当 TiO_2 表面的氧缺陷含量越高，产生激子的可能性越高，得到的荧光信号越强。

图 5-16 中，La-TiO_2 主峰强度明显高于纯 TiO_2 样品，暗示 La 掺杂增加了 TiO_2 表面缺陷/氧缺陷。Wang 等人利用 PL 光谱确认了 In^{3+} 掺杂在 TiO_2 导

带下方引入了表面缺陷态，In^{3+} 掺杂增加了 TiO_2 载流子的分离，提高了光催化效率。N 掺杂 TiO_2 报道中，Jagadale 观察到了电子捕获的表面氧缺陷，N 原子作为空穴捕获，抑制了载流子的再复合。Duhalde 等人通过理论计算研究了掺杂 Cu^{2+} 增加了氧缺陷的形成，氧缺陷能够同时作为深陷阱和浅陷阱的捕获态。La 掺杂增加了 TiO_2 表面缺陷，表面缺陷能够吸附氧气形成 O^- 基团，进行空穴捕获，抑制了载流子的再复合，产生更多的羟基自由基。自由基具有非常强的氧化能力，有利于有机物氧化分解、有利于提高光催化活性。

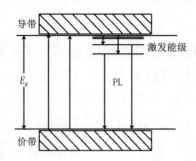

图 5-16 TiO_2 纳米颗粒表面产生的 PL 信号示意图

(二) UV-Vis 分析

水热媒介制备的 TiO_2 的 UV-Vis 图谱示于图 5-17 (a)。对比样品之间的光催化性能，估算其带隙 E_g 是必不可少的。

当能量大于或等于能隙的光 ($hv \geq E_g$) 照射到半导体上时，其价带上的电子被激发到导带上，同时在价带上留下空穴，产生光生电子—空穴对 (载流子)；处于导带的电子可以作还原剂，处于价带的空穴可以作氧化剂。根据半导体能带理论，在带隙 E_g 附近，光学吸收系数 α 与光子能量之间的关系为：

$$\alpha(hv) = \frac{\left(hv - E_g \pm E_r\right)^m}{\pm\left[1 - \exp\left(E_p / k_B T\right)\right]} \tag{5-2}$$

式中：hv——光子能量；

$\quad\quad k_B$——波尔兹曼常数；

$\quad\quad E_p$——声子能量，即晶格振动能 (声子相对于光子能量很小，一般可以忽略)。

对于间接带隙半导体：$\alpha(hv) \propto (hv - E_g)^2$。

式中：α——吸收系数；

hv——入射光频率。

能带边缘附近的光学吸收 α 的关系式：

$$\alpha(hv) = \frac{A(hv - E_g)^{n/2}}{hv} \tag{5-3}$$

式中：E_g——带隙；

A——常数；

n——整数。

样品的 $[F(R) \cdot hv]^2$ 对 hv 作图示于图 5-17（b）。制备 TiO_2 及 La-TiO_2 的能带间隙 E_g 通过估算分别为 3.25 eV 和 3.24 eV；同样方法求得 P25 的 E_g 为 3.26 eV，此值接近于实验文献值 3.22 eV 和理论值 3.45 eV。在本实验 TiO_2 中掺入 La，所引起吸收端的变化不大。

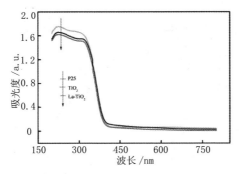

(a) UV-Vis 图谱

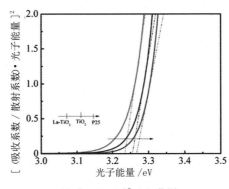

(b) $[F(R) \cdot hv]^2$ 对 hv 作图

图 5-17 水热制备 TiO_2 样品

(三) 光催化活性

图 5-18 为水热制备的 TiO_2 及 $La-TiO_2$ 的降解曲线。空白实验为染料在进行光照但不含催化剂的情况。作为比较，P25 也在图中表示。$La-TiO_2$ 的降解效率最高，在降解反应进行 90 min 后降解率为 75%。

图 5-19 为 TiO_2 及 $La-TiO_2$ 的动力学曲线。动力学曲线符合准一级准动力学方程，得到的表观速率常数示于表 5-4 中。

对于没有光催化活性的钛酸纳米管以及 La 掺杂钛酸纳米管前驱体，进行水热反应后，都显示出活性，这都归因于转化成锐钛矿 TiO_2，与 XRD 结果相对应。$La-TiO_2$ 光催化表观速率常数 (1.29×10^{-2} min^{-1}) 明显高于 P25 (表观速率常数 1.12×10^{-2} min^{-1})；这是由于 La 掺杂增加了 TiO_2 表面缺陷 / 氧缺陷，表面缺陷能够吸附氧气形成 O^- 基团，进行空穴捕获，抑制了载流子的再复合，产生了更多的羟基自由基，显著提高光催化活性。

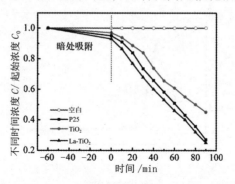

图 5-18　TiO_2、$LaTiO_2$ 以及 P25 的光催化降解图 (空白实验：无催化剂)

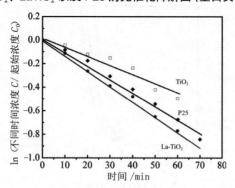

图 5-19　TiO_2、$LaTiO_2$ 以及 P25 的动力学曲线图

表 5-4 La-TiO₂、TiO₂ 以及 P25 的表观速率常数

常数	La-TiO₂	TiO₂	P25
K/min^{-1}	0.0129	0.077	0.0112
R^2	0.97	0.945	0.991

La 掺杂增加了 TiO₂ 表面缺陷 / 氧缺陷，从而提高了光催化性能。我们在图 5-20 中显示了 La-TiO₂ 在紫外光激发下可能的响应图谱。电子—空穴对可能发生如下反应：

第一，电子从 TiO₂ 的价带被激发到 TiO₂ 的导带。

第二，电子从导带转移到缺陷能级，而空穴继续留在价带，这有效地分离了电子和空穴，提高了载流子效率。

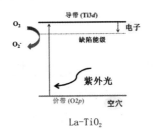

图 5-20 La-TiO₂ 光催化响应图

La-TiO₂ 在紫外光照射光降解染料甲基橙溶液的效率与文献报道的其他光催化剂进行对比，结果列于表 5-5 中。本实验制备得到的 La-TiO₂ 在紫外光照射 1.5 h 后，降解率为 75%。与文献报道的其他催化剂相比，未显示出可见光活性，可能的原因是：①掺杂量较低，对可见光性能影响太小；②钛酸纳米管为前驱体时，水热法制备得到的 La 掺杂型 TiO₂，掺杂仅发生在 TiO₂ 表面，对吸收端影响小。

表 5-5 与其他光催化材料进行对比

材料	降解物	时间 / h	降解率
Eu-TiO₂	罗丹明 B	0.5	96 %（紫外光）
La（S，C）-TiO₂	甲基橙	3	100 %（紫外、可见光）
La 掺杂 TiO₂	苯酚	2	27 %（紫外、可见光）
La/TiO₂	苯酚	4	73 %（紫外光）
La-TiO₂	甲基橙	1.5	75 %（紫外光）

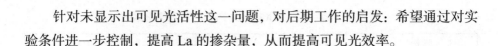

针对未显示出可见光活性这一问题，对后期工作的启发：希望通过对实验条件进一步控制，提高 La 的掺杂量，从而提高可见光效率。

五、镧掺杂改性 TiO$_2$ 粉体的结论分析

（1）以 La 掺杂的钛酸纳米管为前驱体，采用水热法，制备了 La-TiO$_2$ 光催化剂粉体，La 以 La$_2$O$_3$ 形式存在，对 TiO$_2$ 表面的羟基含量及 TiO$_2$ 吸收端的影响不大。

（2）La 掺杂对光催化活性的影响：La 掺杂增加了 TiO$_2$ 表面缺陷 / 氧缺陷，表面缺陷能够吸附氧气形成 O$^-$ 基团，进行空穴捕获，抑制了载流子的再复合，从而产生更多的羟基自由基。自由基具有非常强的氧化能力，有利于有机物氧化分解，显著提高了光催化活性。

第三节　镧氟共掺改性 TiO$_2$ 粉体的制备、结构控制及光催化性能

一、镧氟共掺改性 TiO$_2$ 粉体的研究背景

锐钛矿 TiO$_2$ 其导带位置比金红石 TiO$_2$ 高，具有更强的还原性、更高的光催化活性，但仍存在光子利用率低、光生电子空穴对复合迅速等缺点。

半导体或贵金属与锐钛矿 TiO$_2$ 耦合形成异质结或者核壳结构，有助于锐钛矿 TiO$_2$ 光生电子空穴的分离于不同的区域，有效地进行了电子和空穴的转移，提高了载流子的利用效率，提高了光催化活性。我们前期工作制备了结晶态金属 Ag 负载锐钛矿 TiO$_2$（c-Ag/TiO$_2$），与非晶态金属 Ag 负载锐钛矿 TiO$_2$（a-Ag/TiO$_2$）进行了比较，发现 c-Ag/TiO$_2$ 光生电子空穴的复合速率比 a-Ag/TiO$_2$ 慢，是由于 c-Ag/TiO$_2$ 中结晶态 Ag 具有更强的捕获电子能力，从而提高了光催化活性，表明对于由贵金属与锐钛矿 TiO$_2$ 构成的异质结，结晶态贵金属比非晶态有利。近几年，由 TiO$_2$ 同一成分构成的核—壳结构，受到广泛关注。核—壳结构中 TiO$_2$ 的结晶状态，对光生电子空穴复合有重要影响。

有文献报导，在 20 bar 的高压 H$_2$ 气氛下，TiO$_2$ 经过 200℃的温度条件下为期 5 天的氢化实验，成功制备了结晶—无序核—壳结构的黑色锐钛矿 TiO$_2$。

该 TiO$_2$ 在太阳光照射下展现出显著的催化活性，能够有效降解有机物并实现光催化制氢。

表面无序层的引入是取得成功的关键。由于表面的大量无序，中间能级形成了带尾，导致禁带宽度减少至 1.0 eV。同时，表面无序区的存在增加了载流子的捕获中心，延长了载流子的寿命，进一步提升了 TiO$_2$ 的催化性能。这种结晶—无序核—壳结构为 TiO$_2$ 的性能优化提供了新的思路。另外，采用商业级高比表面积的无定形 TiO$_2$ 前驱体，经过真空预处理和在 O$_2$ 气流中进行 200 ℃热处理，成功制备了含缺陷的结晶—无序核—壳锐钛矿与金红石混相的 TiO$_2$。在 H$_2$ 气流中进行的 500 ℃热处理以及在惰性气氛下的快速冷却的多重工艺中，采用结晶 / 还原法获得了卓越性能的 TiO$_2$。这项研究的亮点在于通过引入 O 缺陷的结晶态核与厚约 1.5 nm 的无序层的壳之间的协同作用，成功降低了 TiO$_2$ 的禁带宽度至 1.85 eV，使其具备了可见—近红光的光吸收性能。这一成果为材料设计提供了新的范式，拓宽了 TiO$_2$ 在可见光范围内的光催化应用领域。

通过稀土非金属元素掺杂在 TiO$_2$ 晶格中引入缺陷以及与其他半导体耦合，能够有效降低光生电子空穴的分离。稀土矿在我国尤为丰富，因此稀土 La 掺杂被广泛研究，同时也显示出高性能。

非金属元素 F 掺杂 TiO$_2$，F 离子物理吸附于 TiO$_2$ 表面能够增加活性点。Cao 等人报道了溶胶—凝胶法制备 La$_2$O$_3$/TiO$_{2-x}$F$_x$ 提高了可见光活性，它是由于 La 和 F 的协同作用的影响：在 TiO$_2$ 表面聚集的 La$_2$O$_3$，增加比表面积的同时也抑制了载流子的复合；而两种 F 基团的形成增加了活性点和提高了价带上空穴的氧化电势。通过研究，以钛酸纳米管为前驱体制备 F 掺杂 TiO$_2$，结果表明 F 掺杂提高了 TiO$_2$ 结晶度，增加了 TiO$_2$ 表面羟基基团含量，提高了光催化活性。

在金属非金属共掺杂 TiO$_2$ 体系中，对 TiO$_2$ 缺陷捕获点和表面态的研究报道还很少，缺陷和表面态对光催化性能的影响极其重要。

因此，此部分研究了一种新的、简易的方法来合成结晶—无序核—壳结构锐钛矿 (La，F)–TiO$_2$，其方法是以钛酸纳米管为前驱体，通过水热法共掺杂 La 和 F 实现的。对所合成的催化剂进行结构表征及性能测试，表面的无序壳是由于 (La，F) 共掺，La^{3+} 占据晶格间隙，F$^-$ 取代晶格中 O^{2-} 位置而形成。(La，F)–TiO₂ 空穴捕获信号强度是 F–TiO₂ 的 1.5 倍，表明无序壳层在空穴捕获方面具有更高的效率。(La，F)–TiO₂ 无序的表面层引起了能带弯曲，延长了载流子寿命，提高了光催化活性。

二、镧氟共掺改性 TiO₂ 粉体的样品制备

水热前的两种前驱体的制备方法如下：

如图 5–21 所示，75 mL 的 10 M NaOH 溶液中，添加 3 g 商业级 TiO₂（P25），混合溶液在 130℃温度下保温 24 h，用去离子水洗至中性，随后用酸泡 24 h，再用去离子水洗至溶液 pH 到中性，得到钛酸纳米管前驱体。在上述 NaOH 溶液中，添加 4 mL 的 0.1 M La(NO₃)₃ 溶液，其余条件相同，得到 La 掺杂钛酸纳米管前驱体。

水热条件：上述两种前驱体分别取 1 g，在氟硼酸钾 0.5 g 及 75mL HNO₃（0.05 M）的混合溶液中，180 ℃温度下水热反应 24 h，随后用去离子水洗涤几次，可分别得到两种水热后的产物。以钛酸纳米管为前驱体的水热产物标记为 F–TiO₂；以 La 掺杂钛酸纳米管为前驱体的水热产物标记为 (La，F)–TiO₂。

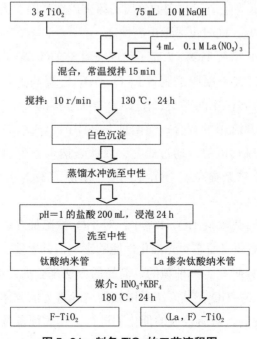

图 5–21　制备 TiO₂ 的工艺流程图

三、镧氟共掺改性 TiO$_2$ 粉体的结构控制

(一) 成分分析

采用 X 射线能谱分析法、X 射线衍射和红外分析法，分析 TiO$_2$ 样品的化学成分。如图 5-22 所示图谱中，未标注的峰来源于观察形貌前喷在样品表面的贵金属元素 Au 的峰，所示碳元素来自制备 SEM 样品时所使用的导电胶，目的均为提高样品的导电性，便于清晰地观察样品。

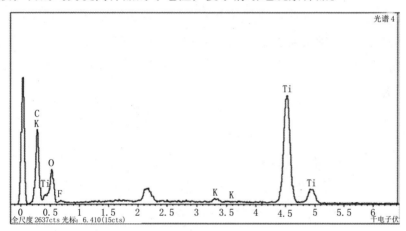

(a) F-TiO$_2$

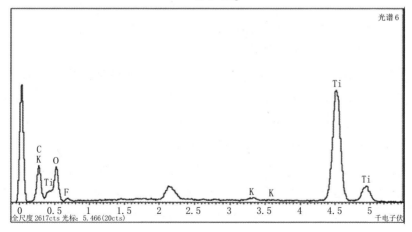

(b)　(La, F) -TiO$_2$

图 5-22　EDX 图谱

EDX 结果清楚地表明样品中均含有 Ti、O 和 F 元素。

对于 F 掺杂量来说，值得注意的是，F–TiO$_2$ 样品中 F 的含量明显少于 (La, F)–TiO$_2$ 中 F 的含量。

水热前两种前驱体，如图 5-23 曲线 a、b 及水热后两种产物，如图 5-23 曲线 c、d 相成分的变化在 XRD 图谱中显示。水热前，图 5-23 曲线 a、b 特征峰 2θ 约为 $10°$，对应于钛酸 H$_2$Ti$_3$O$_7$；水热之后，物相纯度很高，只有纯相的锐钛矿相被观察到。表明 F 掺杂或者 (La, F) 共掺杂不会改变 TiO$_2$ 相成分。对于 (La, F)–TiO$_2$，没有观察到结晶的 La$_2$O$_3$，可能是由于 La 含量很低。文献中也有类似的结果：通过以钛酸丁酯、La(NO$_3$)$_3$ 和 NH$_4$F 为前驱体，溶胶凝胶法制备的 La$_2$O$_3$/TiO$_{2-x}$F$_x$ 样品中由于 La$_2$O$_3$ 含量低，在晶相中检测不到；以钛酸丁酯、La(NO$_3$)$_3$ 和碘酸为原料制备 La–I–TiO$_2$，XRD 中也检测不到 La$_2$O$_3$。

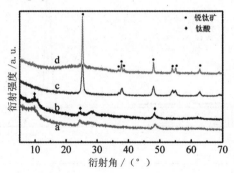

a—钛酸纳米管　b—La 掺杂钛酸纳米管　c—F–TiO$_2$　d—(La, F)–TiO$_2$

图 5-23　XRD- 图谱

图 5-24 显示了样品的 FTIR 图谱，两个相对比的样品中都存在主要特征峰 $400 \sim 700 \ cm^{-1}$，这归因于 TiO$_2$ 中的 Ti—O 键的拉伸和弯曲。此外，(La, F)–TiO$_2$ 还显示了在 $450 \sim 500 \ cm^{-1}$ 位置的峰，这归属于 La—O 键的振动，形成了 Ti—O—La，说明 La$_2$O$_3$ 的产生。

除了 Ti—O 和 La—O 键之外，F–TiO$_2$ 和 (La, F)–TiO$_2$ 均显示了小峰 $890 \ cm^{-1}$，这是 Ti—F 键的振动，与 F 掺杂 TiO$_2$ 结果一致，该结果也表明了 F 原子存在于合成的样品中，可能有两种存在状态：物理吸附或者取代了 O 原子进入了 TiO$_2$ 晶格，具体存在状态还须进一步判断。

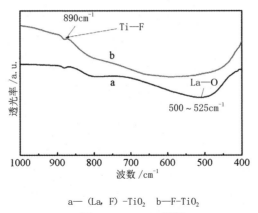

a—（La，F）-TiO$_2$　b—F-TiO$_2$

图 5-24　FTIR 图谱

（二）EPR 分析

电子自旋共振（EPR，Electron Paramagnetic Resonance）技术，是用于检测 TiO$_2$ 纳米颗粒中捕获的电子和空穴最有效的检测方式之一。利用 EPR 和 IR 光谱的方法，可以检测 UV 激发锐钛矿 TiO$_2$ 产生的载流子情况。空穴捕获氧离子（O$^-$）以及电子捕获（形成 Ti^{3+}）可以用 EPR 检测。导带上的非定域和 EPR 静态电子，可以通过红外区导带上的电子激发检测得到。研究发现，在 UV 连续激发状态下，光生电子的两种捕获形式为：①在局部态捕获，出现共振 Ti^{3+} 中心信号；②在导带上保持 EPR 静态信号，该信号可以通过 IR 检测。EPR 检测的空穴信号由晶格氧离子 O$_2$ 捕获产生 O$^-$ 基团。

为了分析电荷分离和复合光生电子空穴捕获中心的相关信息，对两种水热产物样品 F-TiO$_2$，（La，F）-TiO$_2$ 进行 EPR 检测，样品均在紫外照射后，在 100 K 温度下测定。图 5-25 为样品的 EPR 图谱，F-TiO$_2$ 和（La，F）-TiO$_2$ 均显示了光生电子和空穴在捕获点的信号。最尖锐的峰 $g_\perp$=1.990 和其肩峰 $g_{//}$=1.957 对应于电子被锐钛矿 TiO$_2$ 晶格 Ti^{3+} 中心捕获。Ti^{3+} 尖峰高度与 Ti^{3+} 中心的结晶态环境有关。F-TiO$_2$ 信号强度高于（La，F）-TiO$_2$，表明 F-TiO$_2$ 具有更高的结晶度。

宽峰 g=2.014 对应于表面空穴捕获点。通过 La 和 F 共掺杂以后，表面无序壳有利于空穴在晶格中的氧原子捕获形成 [Ti^{4+}O$^-$Ti^{4+}OH$^-$]（对应图中信号 A，g_1，g_2，g_3 分别为 2.0168，2.0095，2.0043）和被表面桥氧原子捕获形

成 [Ti^{4+}O^{2}Ti^{4+}O$^-$]（对应信号 B，g_1，g_2，g_3 分别为 2.0262，2.0123，2.0052）。图 5-25 中，(La，F)-TiO$_2$ 空穴捕获信号强度是 F-TiO$_2$ 的 1.5 倍，表明无序层的壳更有效的空穴捕获效率。

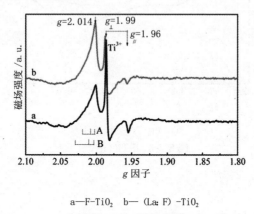

a—F-TiO$_2$ b—（La，F）-TiO$_2$

图 5-25 EPR 图谱

（三）荧光分析

图 5-26 显示了 F-TiO$_2$ 和 (La，F)-TiO$_2$ 样品的荧光图谱，测试所用的激发波长是 300 nm。F-TiO$_2$ 与 (La，F)-TiO$_2$ 两个样品显示的荧光信号相同，说明了 La 掺杂 TiO$_2$ 不会产生新的荧光信号，但影响着荧光图谱峰的强度，这与第三章得到的 La-TiO$_2$ 的结果类似。

TiO$_2$ 样品的荧光图谱的主峰均处于 382 nm 处，该峰来源于带边的自由激子发光。当 TiO$_2$ 样品表面存在表面缺陷／氧缺陷时，电子与表面氧缺陷结合形成激子。表面缺陷含量越高时，产生激子的可能性越高，荧光信号则越强。

图 5-26 中，(La，F)-TiO$_2$ 峰强度明显高于 F-TiO$_2$ 样品，暗示 (La，F) 共掺杂样品中表面缺陷含量更高。表明 La 掺杂增加了 TiO$_2$ 表面缺陷，这一结果与 La 单一掺杂的荧光图谱结果相一致。表面缺陷能够吸附氧气形成 O$^-$ 基团，进行空穴捕获，这与 EPR 图谱中显示更强的空穴信号相吻合。

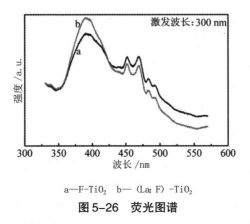

a—F-TiO₂ b— (La, F) -TiO₂

图 5-26 荧光图谱

四、镧氟共掺改性 TiO₂ 粉体的光催化活性测试

样品的光催化活性是在紫外光照射下通过降解甲基橙（MO）溶液来表征。

图 5-27 为水热制备的样品的降解曲线图。图空白实验为染料在进行光照但不含催化剂的情况。作为比较，P25 也在该图中表示。(La, F)-TiO₂ 降解率最高，在光照 50 min 后，降解率约为 90%。

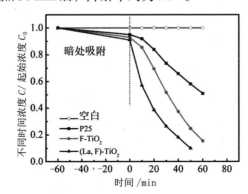

图 5-27 F-TiO₂、(La，F) -TiO₂ 以及 P25 的光催化降解图（空白实验：无催化剂）

图 5-28 为样品的动力学曲线。动力学曲线符合准一级准动力学方程，得到的表观速率常数示于表 5-6 中。

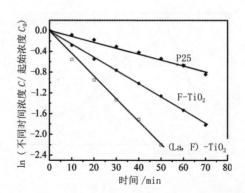

图 5-28　F-TiO$_2$、(La, F)-TiO$_2$ 以及 P25 的动力学曲线图

表 5-6　(La, F)-TiO$_2$、F-TiO$_2$ 以及 P25 的表观速率常数

常数	(La, F)-TiO$_2$	F-TiO$_2$	P25
K/min^{-1}	0.0443	0.0274	0.0112
R^2	0.987	0.998	0.991

由光催化反应速率常数可以看出，水热处理后得到的锐钛矿 TiO$_2$ 均显示了光催化活性。(La, F)-TiO$_2$ 活性最高（表观速率常数为 4.43×10^{-2} min^{-1}），是 P25（表观速率常数 1.12×10^{-2} min^{-1}）的 3.96 倍，是 F-TiO$_2$（表观速率常数 2.74×10^{-2} min^{-1}）的 1.6 倍。(La, F)-TiO$_2$ 活性最高可能原因是 (La, F)-TiO$_2$ 的无序壳层结构，具有有效的捕获空穴的能力。

第四节　由微米片组装的 BiOI 微米圆环的制备、结构控制及光催化性能

一、样品制备

微米圆环的合成：3 mmol Bi(NO$_3$)$_3$·5H$_2$O 加到 50 mL 乙醇溶液中搅拌 10 min，得到溶液 A；3 mmol KI 与 25 mL 油酸混合得到溶液 B；将 A 与 B 混合后搅拌 10 min。将得到的混合溶液置于 100 mL 反应釜中，在 100 ℃下保温 6 h。反应结束后，用蒸馏水和乙醇反复清洗样品，最后在 80 ℃下烘干。对比样品的微米片，是在相同条件下合成，唯一不同的是不添加油酸。工艺流程图如图 5-29 所示。

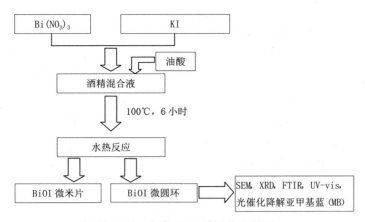

图 5-29 制备 BiOI 的工艺流程图

二、FTIR 图谱分析

为了证实油酸在 BiOI 晶面的吸附，对纯油酸和水热 2 h 的 BiOI 样品进行 FTIR 测试。图 5-30 中 a 与 b 对比，1710 cm^{-1} 对应于纯油酸的—COOH 基团。然而，在水热 2 h 的 BiOI 样品中，油酸的—COOH 基团峰消失，产生了新的峰，分别是 1420 cm^{-1} 和 1559 cm^{-1}，它们分别对应于油酸中羧酸—COOH 脱氢后的对称型 COO—[vs（COO—）] 和非对称型 COO—（νs（COO—））基团，这两者之间波数的差值小于 145 cm^{-1} 时，表明—COO—M 的形成。这验证了在反应过程中，Bi^{3+} 与羧酸结合形成了复合物（—COO—Bi），这对于 BiOI 圆环的形成是必不可少的。

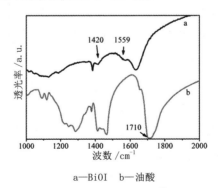

a—BiOI b—油酸

图 5-30 FTIR 图谱

三、UV-vis 图谱分析

半导体的能带结构是影响光催化活性的一个重要因素。图 5-31 中给出了 BiOI 的吸收光谱，从该图中可看成圆环和微米片的吸收端分别是 720 nm 和 660 nm。由此可以估计出圆环和微米片禁带宽度分别为 1.72 eV 和 1.87 eV。它们之间禁带宽度的差异可能是由于形貌、大小引起的。这与 Zhu 等报道的结论类似，他们通过调节原料中尿素与 Bi^{3+} 的比例，得到了禁带宽度分别为 3.05 eV，3.18 eV 和 3.32 eV 的 3D BiOCl 微球。

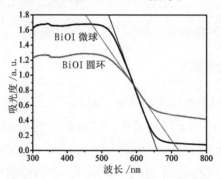

图 5-31　BiOI 圆环和微球的 UV-vis 图谱

四、BiOI 的光催化性能测试

为了评估 BiOI 的光催化性能，实验通过可见光（波长 > 420 nm）照射下对亚甲基蓝溶液的降解作用进行性能分析。所有测试样品均在避光条件下吸附 6 h，以确保达到吸附平衡状态。图 5-32 展示了 BiOI 样品的光降解曲线。显然，不同形态的半导体材料展现出各异的光催化特性。特别地，中空环状结构不仅为光与污染物的相互作用提供了更多机会，而且促进了光线的多次反射，进而增强了光催化反应的效率。BiOI 圆环结构还具有更优化的光吸收区域，使其在有机物降解过程中能更有效地被可见光激发。综上所述，基于能带结构和孔隙结构的综合效果，BiOI 微米级圆环在可见光驱动下对亚甲基蓝的降解表现出较微米级薄片更卓越的催化活性。

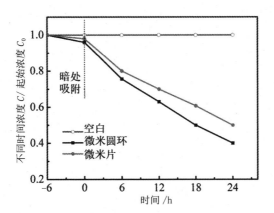

图5-32　BiOI 微米片和微米圆环在可见光条件下对亚甲基蓝进行光催化降解
（空白实验：无催化剂）

参考文献

[1] 蔡伟民，龙明策．环境光催化材料与光催化净化技术 [M]．上海：上海交通大学出版社，2011．

[2] 孙兰，文玉华，严家振，等．功能材料及应用 [M]．成都：四川大学出版社，2015．

[3] 陈少华，陈文良，丁益，等．纳米材料及其三维结构修饰电极检测多巴胺的研究进展 [J]．化工进展，2021，40(11)：6135-6144．

[4] 董点点，张静雯，唐杰，等．基于天然高分子的导电材料制备及其在柔性传感器件中的应用 [J]．高分子学报，2020，51(8)：864-879．

[5] 董宇航，韩金鹏，仰大勇．"基因式"创制 DNA 功能材料 [J]．高分子学报，2021，52(11)：1441-1458．

[6] 费海娟．光催化材料纳米 TiO_2 在环境中的应用 [J]．东方企业文化，2012(22)：169．

[7] 高凌宇，邓月华，黄蓉，等．稀土功能材料研究应用现状与发展趋势 [J]．稀有金属与硬质合金，2023，51(3)：59-64．

[8] 关磊，范文婷，王莹．新型零维碳纳米材料的研究进展 [J]．化学与黏合，2015，37(2)：138-140，150．

[9] 关磊．三维碳纳米材料的研究进展 [J]．功能材料与器件学报，2012，18(4)：267-271．

[10] 郭文娟，肖海金，王博，等．稀土功能材料的创新合作演进研究 [J]．稀土，2023，44(2)：146-158．

[11] 韩朋，姜超，张晓红．光热转换功能材料研究进展 [J]．石油化工，2019，48(5)：522-528．

[12] 韩素婷，付晶晶，周晔．基于功能材料的非易失性存储器 [J]．深圳大学学报 (理工版)，2019，36(3)：221-229．

[13] 何国田, 谷明信, 林远长, 等. 离子液体作为软光学功能材料的研究进展 [J]. 功能材料, 2014, 45(12): 12027-12032.

[14] 胡家乐, 薛冬峰. 稀土离子特性与稀土功能材料研究进展 [J]. 应用化学, 2020, 37(3): 245-255.

[15] 宦春花, 温变英. 梯度功能材料表征技术研究进展 [J]. 材料导报, 2010, 24(s1): 180-185.

[16] 黄剑锋, 李瑞梓, 许占位, 等. 三维碳纳米材料的制备及其电化学性能 [J]. 陕西科技大学学报(自然科学版), 2017, 35(2): 45-49.

[17] 贾峰峰, 闫宁, 李娇阳, 等. 聚酰亚胺纤维及其纸基功能材料研究进展 [J]. 中国造纸学报, 2022, 37(3): 126-134.

[18] 李国梁, 贾贞, 李坚. 木质基光敏变色功能材料的疏水性能研究 [J]. 功能材料, 2013, 44(3): 401-404, 409.

[19] 李曦. 二维和零维纳米材料协同增强的高性能纳米复合材料 [J]. 材料工程, 2019, 47(4): 47-55.

[20] 李亚兰, 于元文, 吴博. 无机纳米与聚合物基功能材料 [J]. 无机盐工业, 2002(1): 21-23.

[21] 刘雅婧. 电活性功能材料的制备及应用 [J]. 热固性树脂, 2023, 38(6): 83.

[22] 梅俊楠, 邹军, 杨雪舟, 等. 基于 TiO_2 的光催化材料及其光催化效率的提升 [J]. 应用技术学报, 2023, 23(3): 220-226.

[23] 南素芳, 贾月珠. 高分子材料在环境保护中应用现状及分析 [J]. 平顶山工学院学报, 2003, 3: 66-69.

[24] 卿彦. "双碳"战略目标下木竹基先进功能材料研究进展 [J]. 中南林业科技大学学报, 2022, 42(12): 13-25.

[25] 汪伟, 苏瑶瑶, 刘壮, 等. 微流控法可控构建微尺度功能材料 [J]. 化工进展, 2019, 38(1): 421-433.

[26] 王红梅, 王蔺, 王晓川. 点击反应在功能材料中的应用 [J]. 材料导报, 2014, 28(15): 130-135.

[27] 王辉, 任冶, 刘成虎. 零维纳米材料对沥青性能影响的研究综述 [J]. 公路与汽运, 2016(1): 91-94.

[28] 王俊宏.SBA—15基纳米功能材料研究新进展[J].材料导报,2013,27(21):49-53.

[29] 王坤,苏钰.三维纳米材料在锂离子电池中的研究进展[J].应用化工,2021,50(9):2509-2511.

[30] 王之晗.纳米材料及其技术的发展与应用[J].数码世界,2018(10):193.

[31] 魏永军,李晓斌.纳米材料在环境保护中的应用[J].广东化工,2015,42(1):58-59.

[32] 吴建飞,袁红梅,夏林敏,等.低温等离子体改性技术制备功能材料的研究进展[J].材料导报,2022,36(21):220-228.

[33] 席昊翔,孙会珠,白玉震,等.光催化材料氮化碳接枝改性的研究进展[J].化工技术与开发,2024,53(Z1):44-48.

[34] 徐惠彬,宫声凯,蒋成保,等.特种功能材料中的固态相变及应用[J].中国材料进展,2011,30(9):1-12,56.

[35] 徐若航,崔丹丹,郝维昌.二维半导体光催化材料研究进展[J].自然杂志,2023,45(5):355.

[36] 闫哲晖,吴伟浩,祝向荣,等.三氧化钨光催化材料的研究进展[J].上海第二工业大学学报,2023,40(4):306-316.

[37] 颜鑫,王习文.纸基功能材料的研究进展[J].中国造纸,2018,37(7):76-79.

[38] 杨斌,于诚,姜骞,等.纳米功能材料在CRTS Ⅲ型轨道板中的应用[J].新型建筑材料,2021,48(1):15-18.

[39] 于良,于祝明.高分子材料老化机理与防治措施分析[J].化工管理,2021(18):100.

[40] 张奇,李晓东,王文雯,等.生物质纤维素基多功能材料构建及其在新型能量存储方面的应用[J].储能科学与技术,2023,12(5):1427-1443.

[41] 仇月仙,李覃.基于聚氨酯的高分子功能材料的导电响应特征[J].塑料工业,2022,50(11):124-130.

[42] 赵汉青,董杰.光催化纳米材料在环境保护中的应用[J].冶金管理,2020,1:218-219.

[43] 周晨，杨巍.皮革高分子材料电学性能的研究进展 [J].西部皮革，2015，37(6)：16.